U1070653

智元微库
OPEN MIND

成长也是一种美好

可塑的我

自我发展心理学的35堂必修课

陈婕君
| 著 |

人民邮电出版社
北京

图书在版编目（CIP）数据

可塑的我 ： 自我发展心理学的35堂必修课 / 陈婕君著. -- 北京 ： 人民邮电出版社, 2021.3(2022.1重印)
ISBN 978-7-115-55472-7

Ⅰ. ①可… Ⅱ. ①陈… Ⅲ. ①发展心理学 Ⅳ. ①B844

中国版本图书馆CIP数据核字(2020)第240400号

◆ 著 陈婕君
责任编辑 张渝涓
责任印制 周昇亮
◆人民邮电出版社出版发行 北京市丰台区成寿寺路 11 号
邮编 100164 电子邮件 315@ptpress.com.cn
网址 https://www.ptpress.com.cn
北京天宇星印刷厂印刷
◆开本：880×1230 1/32
印张：9.25 2021 年 3 月第 1 版
字数：280 千字 2022 年 1 月北京第 7 次印刷

定 价：59.80 元

读者服务热线：（010） 81055522 印装质量热线：（010） 81055316
反盗版热线：（010） 81055315

前言

每个人在人生的任何阶段，都有可塑性

心理学研究发现，人在遇到困难时有能力表现出与往日截然不同的性格特征，这便是人的可塑性。

一个人最终成为他自己，需要一个动态的、独特的过程。

在这个过程中，人们会发展并完善出相对稳定的人格，整合自己的内在冲突，一步步走向自我实现；与此同时也会一次次走出自己平衡的、舒适的状态（可能是主动的，也可能是被动的），寻求新的可能性，直到找到新的平衡。

可以说，自我的发展就是一个从平衡到失衡，再从失控到重新掌控的过程。

本书要探讨的就是自我发展的过程以及如何通过心理学更好地创造出完整的、成熟的自我。

我毕业于国外的精神分析高等研究院，有多年临床咨询经验并创办了自己的心理咨询中心，做了14年的心理咨询，咨询时长超过1万小时。除了提供专业的心理咨询服务，我还在高校开展临床心理学教学。在深入了解了很多人的人生故事和他们内心的真实经历与体验后，我发现大家来找我的原因都很相似：他们觉得自己的人生在某些方面已经失控了。

有的人在工作上遇到困境，不擅长沟通，机会都被别人抢走了，职位和收入慢慢落后于同龄人，而且年纪渐长，在高强度工作节奏面前会有些力不从心，又不知道能否换工作；有的人在情感方面遇到问题，发现自己在很多人际关系中存在不安全感，过于讨好他人或过分强势，可是不管采用哪种方式，最后的结果都不尽如己意；有的人在家庭关系上遇到问题，不管是父母、伴侣还是孩子，都需要自己为其投入大量的金钱和精力，感觉自己快要被掏空了。

在面对这些困境的过程中，很多人会觉得自己进入了一种“泛中年危机”的状态，产生了自我价值感低、焦虑等各种不良心理感受，有的人也会产生很深的无力感，感叹人生太艰难，熬得很辛苦。

所以在前言中我想先分享三个步骤，大家可以按照这三个步骤尝试恢复对生活的掌控力。

第一步，思考最显而易见又最难以回答的问题：到底是什么让你的人生失控了。

第二步，思考在重新掌控人生的过程中，有什么观念或想法阻碍了你的进步。

第三步，在完成了前面两个步骤后，思考如何开始制订一个切实可行的计划。

首先看第一步，到底是什么让你的人生失控？

当人生走向失控的时候，你要知道，这个过程的发生是缓慢的、日积月累的。虽然这一过程中的每一件事情都是你有意识做的，但是当时你往往并不清楚这些事情最后会导致目前的结果。没有人有意让自己过得很痛苦，只是很多时候这一积少成多的过程没有被自己留意。

那么，这时你可能就会开始思考：为什么我会陷入这样的境地？在回答这一问题之前，先介绍一个新概念——心理基因。这一概念综合了各种影响人类行为的因素，帮助人们从一个系统的角度分析和理解每个人的生命。

提到基因，众所周知，生理基因决定一个人的身体情况，影响他的健康和终身的生理状况，决定他对什么过敏、有什么肤色、容易患什么疾病，又有什么特殊抵抗能力，等等。

而心理基因则会影响人们对事情的感受和理解，从而影响行为。简单来说，一个人面对周围发生的事情时的各种反应，就是心理基因的表现形式。心理基因是人从很小的时候就逐渐建立起来的，是人们理解周围世界、周围人以及自己的底层逻辑。这些底层逻辑包括观念、想法，以及处理情绪和事情的方式，它会潜移默化地影响人们如何应对人生中发生的每一件事情。

举个例子，小时候的你可能很多次想自己下楼和小朋友玩，父母却总是阻挠，威胁说如果没有大人在身边，就会有大灰狼把你叼走。父母为了你的安全限制了你的自由。他们的本意是好的，只是在这一过程中，他们也会同时把自己的焦虑感传递给你，渐渐地让你认为世界是充满危险的，是不安全的。同时，在这一基础上，如果你已经慢慢长大，有了一定的处理事情的能力，但是父母为了安全还是习惯性地限制你的很多尝试，代你解决问题，帮你回避很多冲突，而没有引导你学会自己解决问题、锻炼自己的处事能力，那么在潜意识里，你就会认为除了躲开，除了努力避免危险发生，自己没能力在危险发生时真正保护好自己。

长此以往，和那些有解决问题的意识的人比起来，你在面对生活中的问题和新挑战的时候，更容易表现得固执、保守、多疑，或者一遇到事情就想退缩，等等。这就是一个从小到大、积少成多的过程。慢慢地，这样的应对模式就有可能影响很多决定，比如，要不要尝试一个新的餐厅，要不要学一个新的方法以分析工作问题，要不要接受工作调动并到一个新的城市发展，等等。这些从小形成的应对模式，通过影响生活中各种大大小小的决定，时刻影响着你的生活。这些影响日积月累，有一天你会突然发现自己和周围的人已经走在不同的路上。

从上述例子中可以看到，从小到大的经历会塑造人们的认知，在帮助人们避开危险的同时，也会影响人们如何面对未来的机会。很多人在工作和生活中感觉路越走越窄，这与认知和限制性的观念有很大的关系。在过去十几年的临床咨询中，我看到很多人就这样不知不觉地一步一步失去对生活的掌控。但是幸运的是，他们并没有放弃，而是开始反思、寻求帮助和进步。反思的过程一般会从个人对自己的重新理解开始。当他们开始可以重新理解自己并且重新做出选择的时候，真正的转变就开始了。在协助很多人转变自己的过程中，我发现很多心理学方法其实很容易被使用，很多人因此重新获得了对自己人生的掌控。所以我想在这本书中把这些过程和方法分享出来，让大家可以更专业地帮助自己。

心理学可以帮助你做出对自己更有利的决定，这会真正改变你的人生。

处理事情的方式也取决于心理基因。虽然有些事情还未发生，但底层逻辑已决定了事情在你心中的发展方向和结果。因为你会坚信那些你认为对的事情，而这分坚信，很多时候会蒙蔽你的双眼，使你看不到事情的其他可能性以及其他可能的解释。因为有意无意地看不见事情的发展存在其他的可能性，于是当类似的事情又在生活中发生的时候，你就会倾向于做出相似的决定和行为，从而使事情获得类似的结果。久而久之，你就会变得一成不变。这种僵化的模式使你很容易在这个瞬息万变的社会里被边缘化。

你可以通过本书对自己的心理基因做一次全面扫描，更清楚地看到自己是如何看待问题、解决问题、处理情绪的，之后你对自己的处理方式中可能存在的问题也就一目了然了。就像去医院做一次检查，医生就可以非常直观地看到你目前的身体状况和未来的健康风险。对于大部分人来说，固守自己的底层逻辑和缺乏灵活度是他们在生活、事业、家庭和社会关系中渐渐被边缘化或产生不适应的根本原因。当人们开始理解自己，用心理学工具分析自己时，就可以从适合自己情况的地方入手，开始真正的改变。

可是，就算是做到了这一点，还是有很多人无法把想法落实到行动上，好像总有各种各样的事情阻碍改变的产生。这时候该怎么办呢？

此时可以开始第二步，思考在重新掌控人生的过程中，有什么观念或想法阻碍了你的进步。

我在咨询的过程中发现，如果大家没有真正了解掌控力背后的心理学和生物学原理，而只是凭着想象掌控人生，就会在所谓努力的过程中走很多弯路，甚至有时候会出现越挣扎陷得越深、越无助的情况。

这些弯路很多时候来自对掌控的误解。这些误解，大多源于错误观念或限制性观念，使自己做的和想的南辕北辙，最后无法获得预期的结果。比如，有些工作需要创意，不管是设计师、程序员还是产品经理，当灵感枯竭时或感到内心被掏空时，有的人会认为这都是因为自己不够自律，要去向那些更自律的同事学习，认为只要精细管理每一分钟就能重新掌控生活。而正是这种所谓的自律，把一个人仅剩的心理能量榨干，让他感觉更无力、更失控。而且这一过程的反复出现，会让他一再体验自我挫败，感觉自己做什么都不行。又比如，很多人总会给自己定很高的目标，而这些目标因为不切合实际情况，最后都很难达成。这同样会使很多人进一步认为自己很无能，陷入恶性循环。

要停止这种恶性循环，需要先了解以下三种最常见的对掌控概念的误解。

第一种，很多人以为掌控就是什么事情都必须按照自己想要的方式做，事情不如意的时候就会很难受，感觉自己失去了掌控。

第二种，很多人以为掌控就意味着目标都可以完成，甚至必须完全按照计划节点完成。

第三种，很多人以为掌控是一个通过日复一日的严格自律与自我批评来实现成长的过程，以为只有每天都能好好学习、天天向上，每天都要有成长，才能算是掌控了自己的人生。

阅读至此，很多人可能已经开始困惑了。如果这些所谓的成功法则在心理学上都是误区，那么真正能掌控人生的人是怎么做的呢？

真正的掌控其实一般会有以下共同的表现。

第一，真正能掌控人生的人并非事事都要控制在自己手里，而是在事情发生变化时可以从容面对。

第二，真正能掌控人生的人在目标实现受阻时能快速认清事实并灵活调整计划，而不是严重受不良情绪的影响而变得情绪化、不理智，甚至为了一时的意气而做出让自己后悔的事。

第三，对于很多人普遍认为需要高度自律才可以做好的事，真正能掌控人生的人完成得毫不费力，没有内耗，而且很开心、很快乐。

第三步，制订改变计划。

其实，人生的掌控力就是一种心理能力，可以通过“心理健身房”这一工具进行锻炼。很多人以为只要是有天赋的运动员就能获得奥运金牌，但其实就算一名运动员再有天赋，想要获得奥运金牌也要经过刻苦训练。

重新掌控自己的人生也一样，同样需要实践、体验、锻炼；既要掌握心理体质的健康情况，明白特定的心理肌肉不强壮的原因，找到锻炼的方法，也要有相应的训练计划，一点一点从自己力所能及的事情开始练习。

进入心理健身房之前要对自己的心理基因进行一次体检，然后制订心理健身计划。

一般来说，达成对自己人生的掌控主要包括三个方面：

个人发展；

人际关系发展；

对社会的适应能力。

无论你是谁，扮演了什么角色，作为社会中的个体，都需要平衡自我与社会、自我与他人的关系。

重新获得对人生的掌控力是一个很灵活、从容、快乐并在内心充盈的情况下完成个人成长的过程，而且这个过程会让人感到真正的踏实和自信。这个能力人人都可以获得，这也是我撰写本书的初心。

在这本书里，我期待与更好的你相遇。

目录

第一章

自我发展

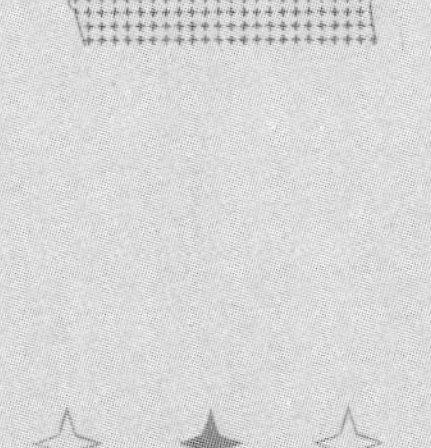

1.1

未来预警：走对当前每一步，未来才能不焦虑

很多 25 ～ 40 岁的人都会面临或经历一个问题：泛中年危机。

心理学意义上的中年危机一般发生在 35 ～ 40 岁，但是这一危机的潜伏期很长。中年危机的潜伏期一般从 25 岁起，而其根源在 18 ～ 25 岁。如果在 18 ～ 25 岁打好根基，25 ～ 35 岁能够稳定发展并自我改变，中年危机会以中年黄金期的面貌出现。

但在实际的生活中，以中年黄金期的姿态来度过 35 ～ 40 岁阶段的人很少。这是因为很多人在人生历程中都经历过一些打击、资源短缺，这就好像心理上的营养不良，这些营养不良会表现为心理体质不

强壮。

人到中年的时候，往往面临着更多的人生挑战，裁员、赡养老人、孩子教育等问题一起浮现出来。很多人都会觉得力不从心，觉得生活在重压之下开始失控。

但其实，每个人都可以重新把过去缺失的心理营养补回来，通过调节心理和个人的发展，把中年危机转变为珍贵的中年黄金期。

在这一节中，我们一起审视一下从刚刚成年到中年的状态背后的机会与幸运，重新认识中年危机以及中年黄金期。

第一步，先来看几个接受调研的朋友在人到中年时的情况和遇到的问题。通过他们的情况来理解中年危机的状态是由什么导致的。

A女士27岁，结婚2年，没有孩子。她和老公都在老家做银行柜员，她工作了4年才转正。当同学们谈着自己当领导、涨薪的时候，她担忧的却是今年冬天单位是否能多发700元的煤炭补助，让一家人顺利过冬。平时，夫妻生活拮据，有时还要靠父母接济。工作上，柜员的工作重复性强，日复一日，似乎一辈子都要看到头了。而且陆续有传闻，他们的工作很快就会被自动柜员机和非现金交易取代，他们可能要面临失业。她也很想改变，但又不知道自己还能干什么。她感觉自己对未来失去了希望，前途很渺茫。

B女士30岁，她每次遇到重大的问题，比如换工作、结婚，都会询问家人，尤其是她崇拜的女强人小姑。可其实别人根本不了解她的实际情况，给出的意见不一定合适。结果小姑不让她辞职，她就强忍着，小姑让她分手，她就分手。她知道这样做不对，但是每次事情发生时，她心里都非常慌张，怕承担后果和责任，怕自己选择错误。结果就是她一直活得很痛苦，觉得自己没有主见，很多时候觉得自己很茫然。

以下是遇到瓶颈的第三类情况，这类情况比较多见。

C男士34岁，是公司的中层。他认为自己已经很难再升职，精力和体力都不如年轻人，爱人刚有了孩子，没法工作。他内心很焦虑，非常担心被新人替代，担心自己中年失业，也担心养不起自己的小家庭。

通过以上三个例子可以发现：对生活的失控不是一夜之间发生的，而是积少成多的过程。比如，一开始因为想着“银行工作稳定”，然后就去银行当柜员，过了好几年才发现这份工作并不适合自己，但是自己已经经历了“温水煮青蛙”的过程。或者在另外一些事情发生的时候，无法控制自己的情绪，冲动之下做出“必须辞职，必须创业”的决定，可是或许自己还没有完全理解：创业和打工完全是两回事，没有做好评估、做好准备。当时那个决定改变了后续多年的际遇，为现在的人生带来了一系列影响。很多这些逐步积累起来的冲动行事的影响，其实可以通过拥有情绪调节能力、不做出冲动决定而避免。除此之外，还有更多同样重要的能力，比如说意志力、坚韧的品格、良好的判断力、自控能力等，都是在 0 ～ 18 岁培养的。彼时如果没有及时发展出这些能力，自然会影响后续的发展，造成中年危机。

第二步，分析泛中年危机时期心理发展和人生发展要面对的问题。

中年阶段有一个很重要的标志性心理状态——焦虑。当人感到生活失控的时候，也会产生焦虑和抑郁的情绪，会失眠、疲惫、痛苦。

在心理学看来，所有的焦虑都像晴雨表，焦虑在告诉你，你的决定不明智，或者你曾经想逃避的东西重新浮现了。

试想，如果有一个人可以一直在身边告诉你“这样不对，你可以有更好的办法”，人生就会容易很多，不用走那么多弯路。而焦虑、抑郁、快乐这些情绪就是身边的导师。抑郁出现时，是在提示“这个地方可能不太适合你，你可能没有做出一个很明智的决定”。

很多人认为有问题的是焦虑本身，应该消除焦虑、抑郁。其实不然。如果一开始就能掌握一套方法，辨别内心的声音，知道怎样做出决策，就可以避免焦虑的出现。

只要能不陷入情绪，而是在体察情绪的同时清醒地思考，就有了面对中年危机以及大部分人生问题的良好基础。能做到这一步，泛中年危机就有可能被转化为自我成长的机会。

不管是青春期还是中年危机，其实都是人正常的发展过程，就像种子发芽一样，是利用内在的发展动力冲破外在束缚的过程。如果动力不足，这一过程就会变成内心的冲突引发焦虑。从这一角度理解，人生一直都需要积攒能量、实现突破，这是贯穿一生的发展过程。发展过程会带来很多能力，除了专业能力，还有自主性、能动性、思考能力、逻辑思考能力以及平衡情绪和理智等能力。

有的人可能会比较完善地发展出其中几种能力，但是另外几种能力可能就不会被很好地发展出来。比如，有的人可以很好地管理自己的时间，有持续学习的能力，也有抗压能力，但是没有发展出处理人际关系的能力，在社交方面觉得力不从心，很难和人亲近；有的人可能感觉自己各种能力都是 60 分，虽然各种能力都具备，但是都不太强大，感觉自己人生的发展速度很缓慢；有的人可能在很小的时候因为家庭环境等因素，一些底层的能力，例如自主性、能动性等，没有得到良好的发展，即使之后他拥有了很好的环境和条件，但是因为地基不稳，他们的思考能力、学习能力可能也不会发展得很完善。这些都是本书会逐个梳理的能力。通过梳理，我们就可以比较清晰地知道如果要顺利地发展到下一个阶段，应该具备哪些能力。

书中也会提供一些检测手段，通过这些手段，我们可以检查自己到底缺少哪些能力，以及缺失这些能力的原因，进而根据自身的特点，分析怎样将之补足。

为什么要花精力梳理和修补这些能力呢？

因为人一旦缺乏某些能力而无法实现阶段性突破，就会想回避问题或陷入抑郁、绝望的情绪，而这些做法都不能解决真正的问题。

比如，有的人确实很努力，他就有可能用勤奋替代思考，变成穷忙，这实际上是一种很巧妙的回避问题的方式；有的人会用不断思考而不行动回避问题，也就是"思想上的巨人，行动上的矮子"。这些都是在营造"我在努力解决问题"的假象。这些假象浪费了很多宝贵的时间，并没有真正帮你找到解决方案。

第三步，重新理解什么是真正的情绪管理。

真正的情绪管理与阶段性成长密切相关。

已经出现的坏情绪是一种提示，而如果知道什么具体问题导致了焦虑、恐慌和拖延，那么只要把问题解决，以后就不会再有类似的事发生，也就不再需要情绪的提示，因此情绪就会越来越稳定。所以年纪越大的人往往越从容、越淡定，这其实就是解决泛中年危机，或者从一个阶段顺利发展到下个阶段的过程。

后续的内容会涉及检索自己每个人生阶段缺失的心理营养，以及在每个阶段有了这些营养后可以发展出来的心理机制。了解这些以后我们通过有意识地补充心理营养，重新发展出对应的能力。

此处先设置两道简单的思考题。

问题一：想一下，列出五个你对于现在和未来感到失控或充满担忧的问题。

问题二：想一下，你平时都怎么处理这五个让你担忧的问题？

对这两道题的思考，有助于找到焦虑的原因，了解为什么每个人的焦虑不一样，以及如何解决这些焦虑。

实际上，如果真正弄明白情绪、想法、行动三者之间的关系，并且可以理解一个人的心理与外在发展过程，就会发现其实对于很多人而言，中年危机只是一个成长过程的开始，而不是最终结果。对于他们而言，所谓中年危机其实只是一个复习、深化人生经验，准备进入下一人生阶段的过程。

拥有一定的人生智慧后，人们就会本能地把这些智慧整合起来，融会贯通成自己的能力，自然就会想进入下一个更高的阶段。所以心理学家认为，所谓的中年危机，其实就是人在拥有了一定人生经验后，需要进入另一个人生阶段时动荡不安的心理状态。

其实这个过程，就好像人们从初中毕业进入高中后，学习内容深入很多，思考也更深了，再到了大学，人生看法都会随之改变。每一次提升都相当于向外突破了一个圈层，而能否顺利突破取决于个人积攒、发挥了多少能力，理解了多少事情，以及能否将收获的人生智慧融会贯通成能力和见识。感到焦虑其实是好事，意味着你可能要发展到下一个阶段了。

第四步，思考怎样的人生才是有掌控的、活得充分的？

很多人以为到了所谓的泛中年危机，人生就看到头了，因此感到绝望。事实并非如此。人生是一个不断发展变化的过程。正是这些变化、发展和所有的不确定性使一个人变得有活力。

每个人在内心深处都渴求变化。有的人会很羡慕那些优雅的中老年人。可能是因为这些中老年人并不崇尚年轻，也不认为只有年轻才美好，他们认为每个人生阶段的风景都很美。

理解成熟，理解完整，沉淀人生的厚度，这些都是从量变到质变的过程；而对外的突破、圈层的突破，都是质变。

很多人没有意识到这一点，总认为只有年轻的时候的样子、状态才是对的，所以才会感觉步入中年是件很可怕的事。这其中有很多不安全的感觉，对于年龄、体力、能力的不安全感等，后文会对此进行逐一分析。

那么，所谓的对人生的掌控到底是怎么回事？

我曾问一位教授："在做心理咨询的时候，病人怎样才算是被治愈？"教授的答案让我印象深刻，他说："一个人有没有被治愈，其实指的是他是不是有了成熟的人格和成熟的心理状态。"

成熟指的是内心的发展跟身体的发展处于同一个水平。

如果一个人心智发展得过于老成，那么可能有别的方面并没有被很好地发展出来；有的人的心智比实际的年龄幼稚，这就意味着他欠缺一些在这个年龄必须具备的能力。

同时，成熟还意味着另一件特别重要的事：能做出有意识的选择，并且能承担结果。

什么是有意识的选择？比如，上文中的 B 女士就没有做出有意识的选择的能力。但从一个更高的角度来说，B 女士也做了选择，这个选择是“我把我的人生都交到别人的手上去”。这样的后果可能很严重。比如，如果遇到的问题很大，大到足以改变一生，这时如果仍然选择听从别人随口说的一句话而从此过得不幸福，那么即使找这个人算账，也无法改变过去和眼前的一切。

心理学上有一个概念是“黏附性认同”，指的是很多人并没有属于自己的价值观，总认为别人说的就是对的，依附于权威。这样的人除了不能自己独立做决定，还会表现得不敢反驳别人，活在别人的价值观里，没有自己的个性。真正成熟的很重要的特点就是，清楚地知道自己在做什么选择，而且知道不同的选择将带来怎样的后果，自己是否有能力承担其中不如意的结果，以及过程中存在怎样的风险，怎样控制这些风险。

当一个人面对人生中的很多事情都能这样思考时，他对自己的人生就是有掌控的，而且人格层面也比较成熟，因为能做到这些就意味着他可以灵活、积极地处理自己的情绪、感受、想法，面对其中的冲突，并且可以处理自己跟自己的关系，处理自己跟他人的关系以及自己跟社会的关系。

其实，感觉人生失控的根本原因是，想要的东西太多，但能力太低。不过没关系，后文中的内容会帮助你慢慢补足那些缺失的能力，并以此为支点，帮助你尝试改变自己的生活，重新掌控自己的人生。

1.2

成年初显期：一边探索，一边成长

成年初显期这一概念指介乎青少年和成年之间的过渡阶段。这一阶段虽然通常被定义为 20 ～ 28 岁，但描述的其实是一种既不是青春期，但也还没到成年期的心理状态。这一阶段的青年已经没有了儿童期和青春期的依赖感，但也还没有完全承担得起成年人的责任。

很多人会以为一个人的成年是在 18 岁的时候，但是从心理学的角度上来看，成年是一个过程，这个过程大概在 18 ～ 28 岁进行。当人们可以把年轻时学到的经验和知识融会成人生智慧的时候，成年的过程就算基本完成。

这中间大概有将近十年的路要走。就现在来看，很多人在上大学之前基本上没有接触过社会，只有一部分人会利用一些业余时间接触社会，更谈不上了解父母的生活和工作或承担起一些家庭责任。这也就导致了现实中成年期的推后，很多人在 27 ～ 35 岁才开始成年，甚至有的人连这一阶段也错过了，到了 35 岁前后，他们的心理状态可能还与刚毕业不久的大学生相差无几。在这种情况下，他们的中年危机就会来得比较猛烈。

在了解成年初显期前需要先回顾一下青春期。

青春期是成年期之前的一个阶段，是成年的基础。青春期的重要性在于它是一个整合自我的过程。从爱利克・埃里克森[①]的社会心理发展阶段来看，青春期的主要挑战是如何整合自己身上的各种特质，明白自己想要成为怎样的人，适合成为怎样的人，而不再做一个对父母和老师言听计从的孩子。如果可以完成自我整合，就可以拥有对自己作为一个独立的人的自我认识，既能保持自己的独特性，又能为社会所接受；而如果没有充分整合自我，就会留下一个破碎的、不清晰的自我认知。

人们在高中时就会逐渐开始思考人生，开始思考要读什么专业，要成为怎样的人。比如，有的人在小学时可能想当老师、警察，他们在高

① 美国神经病学家、发展心理学家和精神分析学家。他提出人格的社会心理发展理论，把心理的发展划分为八个阶段，指出每一阶段的特殊社会心理任务；并认为每一阶段都有一个特殊矛盾，矛盾的顺利解决是人格健康发展的前提。——编者注

中阶段的想法可能会变得不一样，或许想成为企业家，或者想要成为作家、歌手，可是转念一想，成为艺术家恐怕难以养活自己，于是又产生一丝犹豫。

人在从出生到高中的这十几年的时间里，累积了很多对自己和世界的认知，开始对未来的生活有自己的展望。也许有的人会认为这些都是不懂事时的胡思乱想，但其实即使当时的想法再幼稚，对于人生发展而言也都非常重要。

所以可以回想一下，你在高中时对自己30岁的生活有过怎样的想象。如果能回忆起来，试着把它写下来，写得越详细越好。

可以再回想一下，你当时对人生最困惑的问题又是什么。如果能回忆起来，也把它认真写下来，进行复盘。

不管你觉得当时的想法有多么不成熟、多么幼稚，都先写下来。这一练习和回忆很重要，是后续内容的一个很重要的锚点，有助于你理解到底应该怎样度过成年期，怎样进入中年期，怎样成为真正的自己，以及成为社会上、家庭里的中流砥柱。

我在做咨询时发现，很多来访者最后逐渐活成了他们所不喜欢的父母的样子。不要惊讶，这其实就像人从小吃的食物会影响其身体发育一样。一个人从小吃的“精神食粮”也会影响他的心理成长。这里的“精神食粮”就是父母处理情绪的方式、思维方式以及所有行为。这些都会成为一个人成长的心理环境的一部分。

这些心理环境和精神食粮会使后代继承父母的心理特点。如果父母性格有矛盾，子女的内心就会同时存在两种矛盾的心理。同时，周围的环境也对人的心理成长有着潜移默化的影响。如果这些影响因素互相矛盾或不相容，就会让人内心产生很多困惑。如果当时这些困惑无法得到充分的解决，就会固着在生命中，像一块石头横亘在生命之河中，致使后续的很多人生发展都绕不开这块石头。

这些心理环境和精神食粮的影响是从一个人出生开始就被施加在身上的，到了青春期的时候，这些影响开始发挥作用，让人形成不同的想法和特质。

这些影响、想法和特质就像一堆碎片，也会互相矛盾，需要被整合，否则人们就会感觉自己的内在很破碎、很矛盾，不知道应该怎样看待自己。

在这一时期，通过阅读人物传记可以了解别人怎样整合自己身上的特点，还可以看到他们怎样走出自己独特的路，为周围的人做出贡献。

举个例子，很多人都看过一些励志的少年热血漫画，例如《火影忍者》《海贼王》等。

以《火影忍者》为例，主人公漩涡鸣人在出生之后就成了孤儿，因为学习不好无法毕业，他喜欢的女孩也不喜欢他，看起来就是一个失败者。可是，这部漫画的重要之处就在于，它让我们看到，一个在很多方面都很失败的人，怎样看待自己的短板，怎样重新找到自己、找到自己想要保护的人、找到自己的人生目标。为了保护自己想要保护的人，为了实现人生目标，他克服了自己的弱点和障碍，最后成为人人称赞的英雄。这就是一个自我整合的过程。这个故事在心理学上的意义就是，我们在自我整合的过程中，既要发现自己，又要看到别人，并且在发展自己的过程中融入自己的社群，与社群成员互相成就。

青春期对于成年初显期而言，就是进入社会前的一个准备。人们在青春期建立自己的自尊、自信、爱好、特长、社会技能和适应性，然后准备突破到下一阶段。这一阶段的青少年会通过对内、对外的探索不断提升自己的社交能力，并且尝试不同的社交行为，逐渐确认自己的社会身份，明确自己想成为怎样的人，希望拥有怎样的关系。但是有一部分人在青春期时只顾着考试，于是这一阶段的人生任务就会被推后。

在了解青春期后，我们回到成年初显期这一话题上。青春期最重要的事是自我整合。在观察、了解、学习其他榜样的过程中，了解到人不是非黑即白的，再伟大的人也有自己的脾气和短板，再普通的人也有自己不同凡响之处。于是人在这个阶段就慢慢开始探索，接受自己所谓的缺点和独特的优势并将之整合为完整的自我认知。完成了这一整合的人，面对优点不会很骄傲，面对缺点也不会很自卑而无法接纳自己。这一阶段很重要的一点是，不再追求完美，认清所有的特点都是自己的一部分。从上文的描述可以看到，从儿童到青春期的阶段，人们的主要精力都在自己身上。如果把精力称为能量，人们将这时的大部分能量都放在自己身上。这是这一发展阶段应该有的状态。完成青春期阶段的整合后，心理成长就完成了一个非常重要的突破——完整的自我已经初步成型。此后，人们开始把能量放在和外界的联系上，也就是开始更多地关注周围的人、社群、社会和世界。

而那些没有在这一阶段完成整合的人，在二三十岁时，还会很在意别人怎么看自己，还会纠结自己的形象、面子，依然将注意力都放在自己身上，无法理解和体察周围的人。这些都是自我整合没有完成的表现。因此，他们就表现得很小家子气或格局很小，无法真正把目光投向外界。

过了青春期这一阶段后，就进入了成年初显期。根据埃里克森的理论，20 ～ 25 岁是成年初显期，这一阶段的成长任务是亲密与孤独。

亲密与孤独，是完成青春期的整合并开始把目光投向外界后，所要面对的第一个人生问题。然而很多人对这个问题并没有形成成熟的答案而在随波逐流。比如，有的人在面对婚姻家庭问题时，只是因为年龄大了就结婚，顺其自然地生了孩子。那么，在这个维度上，他们就只是交了卷，但是并没有回答问题，因为他们并没有根据自己的经历和思考得出自己的答案。

每个人的特点都不一样，整合出的自我也不一样，整合过程中锻炼出的能力也不一样。所以，在各种人生问题上，人们自然也必定得出各自不同的答案。而随波逐流其实是对自我成长的忽视和压制。之所以要回答亲密与孤独这个问题，是因为它并不仅仅是夫妻之间的问题，更多时候是在拷问人们：我如何跟另外一个人建立关系，应该建立怎样的关系，以及应该怎样处理这些关系。

只有通过这一过程，才能慢慢发展出在亲密关系、情绪和道德方面都能做出完整承诺的能力。做出完整承诺既需要体察自己，也需要体察别人；既能提出人际要求，也能承担相应的责任；既能融入社群和朋友关系，也能处理好彼此的独立性。

所以，亲密与孤独这一问题的答案，并非只涉及是否结婚，它涵盖的内容很多，包括是否能够理解自己、信任自己，是否对自己有安全感等。因为只有在可以信任自己的时候，人们才能感到很踏实、很安全。有安全感，亲密关系才可能从互相索取、相爱相杀的状态变成互相支持的状态。比如，有的人需要伴侣时时刻刻关注自己、照顾自己，或者自己不进行沟通却希望别人能猜到自己的心思并满足自己，如果别人做不到就会很生气，难以平息。这些都是缺乏安全感的表现。

在成年初显期，人们会和不同的人建立不同的关系，并且在建立关系的过程中逐渐看清自己、发展自己。但这并不意味着要做交际花或者必须要有很广泛的人脉，而意味着要开始思考，自己是一个怎样的人，想要怎样的关系，以及怎样建立适合自己的关系。

同时，在成年初显期，人们还要经历一个很重要的探索过程，通过把目光投向外界，开始把过去对未来生活的想象落实到实际的行动中，并且接受现实、调整目标，根据实际情况进一步发展自我。在这一探索的过程中，个人会将青春期时对自己的想象落实到具体的立足点上，并会随着探索的深入灵活调整自己的计划。

比如，我曾憧憬自己可以成为一位科学家，虽然我现在没有机会再成为科学家，但是我也可以找一份与科研有关系的工作。总体来说，这是梦想动态落地的过程，是一个稳固并沉淀自我认知的过程。通过不断调整自己的人生目标，为进入成年期做准备。在这一阶段，年轻人应该多尝试新事物。这种尝试不一定等同于频繁地换工作，而是让自己清楚什么时候应该坚持一份工作，什么时候要意识到这份工作已经束缚了自己的发展，可以在考虑成熟后勇敢地离开。

1.3

转型期：向管理者转型，获得晋升

作为一个有稳定的方向和一定积累的职场人，如何做才能应对35岁前的人生转型期，完成积累并为阶段性突破做好准备呢？又要如何做才能不至于陷入大多数人都普遍存在的中年危机呢？

首先要问自己，在30岁的人生节点，你的立足点是什么？

30岁是一个非常重要的人生节点，这一点是一个普遍认知。“三十而立”这个词，在东西方文化中都存在。在这个词语中，“立”字又是什么意思呢？

个人观点是，三十而立的“立”意味着需要在30岁的时候找到自己人生的立足点，找到人生意义和内心满足感的来源，同时应该对社会和自己都有比较明确的认识和理解，并且在此基础上产生属于自己的独立人格意识。

要确定自己的立足点，可以先问自己两个很简单的问题。

问题一：你是否具备某种能力，仅凭这一能力，你就能在社会中生存下去?

问题二：如果以自己具备的能力为立足点，你能否站得住并站得稳，而且没有焦虑或不安的感觉。

在经过成年初显期的探索后，在30岁左右的时候就要对之前的经历进行总结和反思，找到一个自己可以立足的点，也就是原点。然后围绕这一原点规划自己的生活，并且在未来的时间里逐渐让自己的规划完善、落地，在此基础上不断优化、迭代自己的规划，从而建立起自己的“王国”。

这就像一款App，在其诞生之初往往只有一个概念或蓝本。在这个基础上，根据市场环境、用户需求等因素的变化，开发人员会不断对其进行功能和性能上的完善。同样的道理，一个最初版本的“社会自我”往往还不够完美，但是我们可以在该版本的基础上不断对其进行发展和完善，因为之前的探索已经确定了发展方向及其可行性，后续只需要根据社会环境、行业的发展、周围的环境对自我进行优化与迭代即可。

当然，有时某些探索也有可能行不通，这就需要重新找到一个立足点。比如，我曾经认为成为科学家是自己的人生意义和满足感的来源。但是经过大学、研究生阶段，我发现自己的天赋可能不在科学研究上，这个时候我就要做出选择。

首先，我要先确认从事科学工作、继续探索世界，是否仍然是我的人生意义和满足感的来源——这意味着我喜欢的是科学和探索本身，而不是贪图由此带来的研究资金等。如果确定了这是我的人生立足点，那么我虽然可能不适合做具体的研究，但是可以把科学思维和科学训练作为核心能力，参与科研管理，或者成为学术期刊编辑、科普人员，等等。

也许很多人小时候的梦想都是成为科学家，可是在大学的时候发现原来科研生活和想象的不一样，这个时候就需要尽量多地尝试各种不同的领域和工作，重新找到自己真实的立足点。这个过程必然伴随着试错，试错就是这个阶段的核心。

那些中年危机来得特别猛烈的人，很多都是因为在这一阶段不敢犯错、不能接受自己会错、要求自己完美的人。因为要求完美，他们完美地错过了这一重要的发展阶段。人们正是在不断探索、学习、试错的过程中，才能逐渐锻炼出独立存在于社会之中的能力。

人们在这个阶段逐渐开始有了自己的积累，具备了一定的抗风险能力，开始在经济上有安全感；在试错的过程中，人们了解了自己的能力，更重要的是知道了自身能力的界限，从而开始学会合作，也学会根据现实而不是根据想象或幻想行事。检验现实的能力，也是在蜕变为成熟的成年人的过程中必须发展出的重要能力。

同时，在探索的过程中，人们也更了解自己的喜好，知道自己怎样生活才会觉得有意义；最后，通过十年左右的时间，建立起了一个稳固的自己和稳固的“王国”，并且能感受自己的力量，获得掌控自我和改变自我的能力。

上述内容旨在建立一个三十而立的全新概念。三十而立是什么，是独立，是能力，而不是一定要有房有车、为人父母。

在这一阶段，更重要的是认同自己，围绕自己赖以生存的立足点继续走下去。

其实，经过成年初显期，大致在 28 ～ 30 岁时会遇到一个小的分支，这个分支其实就是青春期和成年初显期的一场毕业考试。

经过前面的种种努力，身体在这个阶段开始一点点地衰退。年轻时可以熬夜加班，可以玩通宵，现在却要开始注意身体，不能再随意熬夜。这听起来好像并不是一件好事，莫非其中还有什么积极意义？

这其中最积极的意义莫过于身体在提醒我们：未来是有限的。从大学开始到 35 岁转型期，我们已经经历了十年左右对社会的探索，已经获得了很多新的能力。

这时就要开始有意识地对那些不适合的因素做一些取舍，包括生活习惯、处理问题的习惯、心理的习惯、观念上的束缚等。要把有限的精力投入最重要的事情，比如，有意识地放弃一些不必要的社交活动，放弃一些对后半生没有积极影响的事。如果不肯主动放弃，当迫于形势被动地放弃这些事时只会更痛苦。有很多人在这时因为过度透支而疾病缠身，最后不得不真正停下来。

所以，如果感到身体有局限，就不应继续透支，要学会面对现实，根据现实条件找到和年轻时不一样的方法，实现同样的目标。这既是面对现实的做法，也是灵活的做法。毕竟，目标是做成想做的事情，而不是死在硬磕的路上。因此必须学习新的方法，而不是抱怨“为什么以前可以，现在却不行了”。

其实成长本来就是一个动态调整的过程，那些因为各种原因不得不放弃的事情和没有实现的目标，本来就是调整内心和理解世界的工具。

这一调整的过程可能会让人失去一些东西，但是也会让一些人拥有更系统、更全面、更成熟的思维方式。如果抱着很多过去的认知不改变，就相当于架空自己，让自己只活在自己的想象里。

综上，28 ～ 30 岁这一阶段的重要人生任务就是明确地认识自身的局限性，认识生命和精力的稀缺性，因为只有意识到这些，才会真正地把精力都用在刀刃上。

针对这一点，有一个小工具可以帮助我们从四个维度判断选定的方向是否适合自己，以及应该在哪些方面进行优化。

维度一，自信。你现在做的事情会给你带来自信吗？你认为未来会越来越好还是会让你怀疑、否定自己？如果你有强烈的自我否定情绪，那你的选择就是不适合你的。

维度二，收获。在做这件事的过程里，除了收入，你都有哪些收获？

维度三，力量感。你现在做的事是消耗了你的力量感，还是增加了你的力量感？

维度四，取舍。如果只是这件事的一部分耗损了你的力量感，你是否可以灵活地把这一部分舍弃？

要按照这四个维度的提示思考，学会取舍，否则就有可能影响人生下一阶段的发展，导致中年危机的出现。

当然，在思考这些问题时也要避免绝对化的思维方式，不要非黑即白地思考问题，要创造你自己的路，而不仅仅是做选择。很多人可能在某段时间里会觉得自己很不顺，变得很悲观。但其实这只是负面情绪在作祟，此时需要培养自己的逆商，不要知难而退。后文会对此做详细解释。

同样的道理，与过度悲观相对的是过度乐观。过度的乐观有时也会让人栽跟头。对于大部分人而言，35 岁前可能是人生最后一个可以比较容易地跨越阶层的年龄段。此时就有必要分析到底为什么这时候是个机会，以及如何做才不会错过这个机会。在体力、脑力和经验的黄金时期，如何成功跨越阶层？

这一过程会让人产生一些困惑，所以很多人开始再次学习，读更多书，或者找咨询师寻求职业发展方面的建议，或者感觉自己这些年已经很累了，一想到未来还要工作 30 年就觉得很焦虑、很慌，担心某天被淘汰。此时要明确一点，当这些困惑产生的时候，我们不能马上否定它，认为自己不够成熟，或者认为这种困惑不应该存在。如果有意压制这些困惑，那么这些困惑也可能成为未来危机暴发的一个伏笔。

人生这一阶段的宝贵之处在于已经拥有的智慧和积累，我们之所以还没有取得突破，很可能是因为还没学会如何使用它们。此时要正视自己的困惑。比如，困惑会让人感到恐慌、焦虑，但如果选择压制这种情绪，不面对自己脆弱的一面，也就压制了自我整合的功能，限制了自己的智慧成长。

反之，一个真正智商高的聪明人可以平衡自己的智力和情绪，他既不需要变成一个冷冰冰、超理智的机器人，也不需要歇斯底里地发泄自己的情绪。

这是因为，人的心理是有一定的疗愈力和恢复力的。即使不找心理咨询师，人们也有能力通过自己的力量克服很多性格和心理上的短板。

此处分享一个由阿根廷心理学家加布里埃尔·厄廷根提出的“WOOP 思维法”，帮助你抓住一些机会。

WOOP 是四个英文单词的缩写，汉译为“心理比对”。

W 代表 Wish，是愿望的意思；第一个 O 代表 Outcome，是结果的意思；第二个 O 代表 Obstacle，是障碍的意思；最后的 P 代表 Plan，是计划的意思。

以下是几个关键点。

第一，W 代表你想要达成的愿望。

第二，O 代表如果这个愿望实现后的最好的结果。

第三，第二个 O 则代表在实现的过程中，你可能或一定会遇到的障碍中的最大的障碍、最本质的障碍，以及这些障碍会导致的不一样的结果。

第四，P 意味着你要做出详细的计划，知道如何克服或避免这些障碍的出现。

这一思维方法会让人越来越有能力预测自己在不同的选择中获得的结果，一步步变得成熟。

无论什么科学，心理学、经济学、市场营销学或其他专业，都不可能为人们指出一条畅通无阻、收益最高的路。所以，你也不用纠结于此，只要确定这条路适合自己，明确道路上的目标和障碍就足够了。

心理学家王浩威说过一句让我印象深刻的话，他说："只要拿起桨开始划，无论朝哪个方向，总会抵达一些目的地。"我也把这句话送给你，希望你知道无论朝哪个方向前行，总比留在原地强。

35 岁之前，是跃升阶层最容易的时候，之后则会越来越困难。思考自己的人生问题，梳理自己全部的经验和心理基因，就会有更大的概率抓住机会。

1.4

人格繁衍与停滞：如何增强自己的影响力

从埃里克森的发展心理学的角度来看，成年中期，也就是成年之后、中年之前这一阶段，要解决的核心问题有两个：繁衍与停滞、寻找人生意义。

本节分为五个部分对此进行探讨。

第一部分：成年中期，有什么新的人生任务？

大多数成年人在成年中期都会经历一次转变，这个转变涉及一个人对自己人生角色的重新定义或转换。因为在这一阶段，一段关系或一份工作可能变得不再能满足个人的自我实现的需求，人们或许会在某个时间点突然意识到余生能保持体力和精力充沛的时间好像已经所剩无几，觉得人生不能就这样“走下坡”，要为自己做点其他有意义的事。

这种转变其实很好理解。生理、认知和情绪能力会在自我整合的过程中不断发生变化，所处的社会背景也同样会在人的一生中不断发展和变化，所以自身的转变就是对这些内在和外在的变化所做出的非常自然的回应。

伴随着各种能力的增强，人们会感到自己的影响力更大、能做的事情更多、达成目标也更有把握，同时也越来越深刻地感受时间的流逝，体会生命流逝带来的紧迫感，于是想要突破和改变。

35～40岁可以被理解为中年的叛逆期。在青少年时期的叛逆期，人们感到父母和自我认知的束缚，要寻求突破和改变；而在中年的叛逆期，人们感到自身力量的衰退和时间的紧迫而想要进一步改变，进一步体会生命的意义。

成年中期就是为40岁前后的突破积攒力量的时候。一个顺利的转变通常会伴随着深度的自我反省。所以此时就需要完成对目前角色的重新评价，探索提供新的生命意义感的可能性，做出放弃旧角色投入新角色的决定。能顺利完成这些转变的人，会对生活产生一种全新的热情并找到新的生命意义感，也就不会陷入中年危机。

非常有趣的是，在这一过程中，很多人会像青春期一样，又一次更深刻地重新构建对自己的认知和定位，建立起一个更复杂的自我同一性，并且在重新审视工作、婚姻、孩子、人生时具有了完全不一样的目光。

反之，一些在青春期没有解决自己同一性问题的人，在这一阶段就会暴露出很多问题，会跟不上这一阶段的变化，没有足够的能力，但是又必须面对生命、时间有限等限制性条件。于是很多人开始质疑自己过去的人生选择，可能会后悔，或责怪别人，变得愤世嫉俗、停滞不前，甚至采取过激的行为。

第二部分：成年中期，可以怎样重新定义自己的角色。

上文曾提及，青春期的人生任务是要形成自我的同一性，弄清“我是谁”。这个自我认知并不仅仅停留在评判自己是好是坏这一简单的判断维度，而是要真正意识到自己是一个怎样的人，比如知道自己喜欢和人建立怎样的关系，性格是内向还是外向；同时还要真正接受自己，比如明白自己天生就是一个内向的人，所以可能更适合做分析的工作，甚至更适合独自一人工作，从而自信地拒绝那些需要频繁接触他人的工作，也可以只交几个知心朋友，不需要熟人满天下。

很有趣的是，在步入成年中期后，人们又要重新开始面对“我是谁”的这个问题。这是因为人一直都在成长，周围的环境也一直在变化，在经历成年初显期和成年期后，自身和周围的环境都会发生变化，能力也有所改变。因此，要成长到下一个维度，突破圈层，需要重新进行自我的整合。

在这一阶段，人们可能会开始厌倦和不喜欢那些在生活中已经不能满足自己的部分。因为这些部分可能已经不能再让自己成长。

于是人们会很自然地开始进行更深层的思考。未来想过怎样的生活？为什么喜欢现在生命中的这些内容？那些我不喜欢的内容又是从哪里来的？曾经经历过哪些事情，这些事情又给我留下了什么影响？在这之后该如何进行自我整合？

其实，经历了成年初显期、成年转型期，人们已经在心理、人格，以及外在的职业上稳定下来。但是，这种稳定并不等同于固执、一成不变，而是在一个稳定的结构框架内，灵活地面对更多的挑战和变化。

第三部分：在多元化时代，怎样理解埃里克森定义的“繁衍”？

在过去，很多人对繁衍的理解都局限于生物学的意义，也就是生孩子，但其实，可以从更广义的范围理解繁衍这一概念。

所谓繁衍，其实是一个传承自己的学识经验、智慧沉淀，形成自己对人生新的理解，提携后辈的过程。

在提及繁衍时，其实首先要面对的一个核心问题是繁衍还是至此停滞?

繁衍的核心意义在于让凝聚、积累的智慧传承下去，发挥影响力，让自己可以影响其他人的人生，并且让自己和别人都更完满。繁衍是对生命和思想经验的传承和延续。虽然身体会衰老、会消失，但是生命和思想会延续。

此时，人们往往已经进入一个人格相对平稳的成年中期，不仅仅会照顾自己的孩子，也会对其他孩子甚至是工作关系中的晚辈抱有一种天然的照顾的心态。有的教授、科学家及一些领域的成功人士则会选择出版著作、做讲座，以便传递自己的学识、思想、理念和观点，分享自己的人生经验。这些行为其实就是作为一个人的一种生物本能——繁衍，让智慧、经验具有延续性，通过信息传递，不断调整迭代，不断延续、传承、发展。

广义上的繁衍还包括传承、延续影响力，以及让他人在受到影响后能够进一步发展出对人生、对自己、对意义的思考。

第四部分：如何避免“停滞”?

停滞是所谓的中年危机的一个很重要的诱因。

近年有一个流行词，叫作“油腻的中年人”，此处的油腻，指的就是一种停滞、浑浊的人生状态。

中年人有所谓的油腻感，其实是因为个人开始固守自己已经拥有的东西，不再寻求发展，逐渐变得固执，不愿意接受新的观念。人到中年，人们可能会发现生活好像一成不变了，一眼就看到头了，好像就只能越来越老，直到死亡了，这样的人生还有什么意义呢？

中年的生活如果确实是活着就在不停地重复昨天的人生，可能确实没有意义，毕竟看不到自己的发展，看不到新的意义和希望，人生下半场就只剩下重复的下坡路。所以，当下要做的是，开始避免这样的事发生在自己的身上。

不管是因为自己不愿意学习，还是工作环境、社交环境不鼓励个人学习和变化，此时人们都要开始面对挑战：是要繁衍发展下去，还是从此停下、不断退化。

此时需要再次强调 35 岁前的转型期的重要性。如果在这一时期成功地打下了基础，突破了一个圈层，即使年纪增大，人们也还是能感到人生在自己的掌控之中，虽然可能也会有焦虑产生，但还可以看到发展的可能性。如果在黄金发展时期，没有深刻思考，再加上不良习惯、懒惰，那么人到中年时，就会付出更多的代价。

关于停滞的问题，有一个关键点就是不破不立。成年中期和青春期很像，同样是叛逆期和焦虑期。

面对焦虑，首先要做的是别怕！焦虑是一件好事，就像发烧一样，是免疫系统为了保护自己在和病菌打仗。如果从这一角度理解焦虑，就会发现焦虑就好像一个聪明的报错工具一样，能够提示人们哪里出了问题。

当然，有问题存在确实是一件让人很难接受的事，但更重要的是该如何面对自己的焦虑。

要先学会安抚自己的情绪，提高情绪的承受能力，让自己可以容纳自己的焦虑，只有这样才有可能把焦虑的积极作用发挥出来。

但是，大部分人在面对情绪时，往往会立刻做其他的事情以逃避、排解这些情绪，比如喝酒、购物、看恐怖片等。逃避焦虑的行为会进一步导致焦虑和空虚。要知道，真正能够处理情绪的活动会让人事后感到充实和满足，不管是在短期内还是在长期内，都不会为此感到空虚和自责。这样的处理方式才是成熟的，才是在解决问题，而不是在逃避。

只有在有了一定的情绪耐受度时，人们才有可能做出真正的思考和改变。耐受度是可以锻炼出来的。情绪教练会说，当有负面情绪时，可以和情绪多待一会儿，例如用5分钟忍耐、体验自己的焦虑、悲伤。比如，你在焦虑时想吃冰激凌缓解，你可以多忍5分钟再去买冰激凌。忍耐一段时间后，你会发现你可以忍10分钟、20分钟再去吃冰激凌。

那么，在这5～20分钟里，可以尝试做两件事。

第一件事，书写，写什么不重要，想法、感受，甚至反复写一个字也可以。

第二件事，感受一下自己的身体，看看自己的身体会有哪些反应。身体的反应也是一个很忠实的指南针。比如，我感到呼吸很浅、很急促，我觉得胸很闷，我觉得我的身体绷得很紧，等等。

第五部分：如何完成重新定义自己人生的转变？

步入成年中期，在开始重新思考人生意义的时候，人们会有一些明显的外在表现。比如王石，离开万科后开始登山，在极限运动中思考企业和人生的问题。

对于人生的意义，没有唯一正确的答案，唯一的标准就是答案是否经过深思熟虑。如果无法在40岁前后给出答案，那么60岁时，很可能就会陷入更严重的停滞和绝望。有的老年人会把自己的子女作为精神寄托以获得生存的意义，陷入对死亡的恐惧和绝望。这样的例子在生活中比比皆是。

重新定义自己人生转变时，要重新思考以下两个问题。

问题一：我到底是谁？

看看你能用多少个维度来回答。

问题二：余生中对你最重要的事情是什么？

这个问题会反映出个人真正的价值观、人生观和世界观。

对于这两个问题，很多人可能用 10 个字就能回答，但也有的人可能会写出一本书。

1.5

心理地图：绘制自己的人生轨迹

一个人的自我成长和其人生经历息息相关，根据本书内容画出一个属于自己的个人成长的心理地图，以此为思考的框架进行综合思考并回答问题，才可能从根本上解决问题。

同时，这幅简单的心理地图也会在后续阅读过程中持续充当工具。后续内容会对这幅心理地图一点点地进行丰富和补充。清楚地知道走过了哪些路，就自然知道自己拥有哪些资源、怎么使用，未来人生又可以有哪些走向，以及可以利用什么资源达成人生目标，缺少哪些心理营养，可以怎样获得这些营养，等等。

绘制心理地图需要以下三个步骤。

第一步，回答与自我发展密切相关的四个基本问题，对应这四个问题检视内心的第一反应。

这四个问题是自我发展的过程中最重要和最基础的问题，如果能完整地回答它们，即使遇到挫折和挑战，我们心底也会有应对的底气。很多人觉得在生活中失去了掌控，无力面对发生的问题，是因为他脚下的四块基石不稳固。

问题一：你觉得你所处的世界和环境安全吗？

这个问题考察的是一个人的基础安全感和信任感，也就是说，你是否对周围和对自己感到安全。这份安全更多地是指心理上的安全。比如，一个人在战场上，战场的环境是危险的，他很明确地知道这一点，但是他的内在可以是安全的，因为他相信自己有判断力、有生存能力，而且他熟悉这片地区的地图和藏身处，他确信自己可以走出去。同样，在和平年代，就算外界环境相对安全，没有安全感的人也总会疑神疑鬼，总认为有人会对他不利，或者在职场人际交往中，总觉得别人会占自己的便宜，总会批评他，或者内心有很多情绪，觉得自己无法处理，这些都是缺乏安全感的表现。

回答第一个问题的时候，可以静下心来，试着感觉一下，自己对别人有多少信任和多少怀疑，觉得周围的世界在多大程度上存在现实层面的不安全，在多大程度上存在心理层面的不安全。

基础安全感和信任感是一个人有良好的自尊的前置条件。一个人有了良好的自尊，才能在此基础上建立自信。

很多时候，人们会对自信有一种误解，片面地把自信理解为遇事不怕、昂头挺胸、握手力气大、能说会道，等等。这些可能是自信的一些外在表现，而不是自信本身。

其实，自信真正的意思是，觉得自己是可以被信赖的。比如，一个自信的演讲者会相信自己有能力通过认真调研和准备对演讲内容产生深刻理解，有能力在演讲台上把自己的观点表述清楚，这是对自己的能力的确定感。这个确定感来自于过去多次的演讲经验，他每次都可以在台上把话说完、说清楚。也就是说，自信不是夸张地表现自己，而是信赖自己在做事的时候，是一个有智慧且认真、负责、不轻易放弃的人，同时清楚自己的短板所在，并且有能力善后。

问题二：你觉得无论自己是否成功都值得被无条件喜欢吗，你喜欢你自己吗？

能确认自己是一个有存在价值的人，是自尊和自信的基础。一个有稳定的自我认知的人，别人的追捧不会让他们沾沾自喜，因为他们知道自己的分量，别人的贬低也不会使他们自我怀疑，因为他们知道自己的能力。同时，对于别人提出的好的建议，他们会思考、会接受、会成长，而不会觉得自己被别人针对了。这是自尊发展良好的表现。

判断一个人是否有良好的自尊，要看一个人是否能够认识到自己的优势，要看一个人在逆境时、在承受压力时，是否仍然有能力找到让自己感觉良好的办法。而自尊发展不良的人的一个比较典型的人格类型就是讨好型。讨好型的人为了被周围的人喜欢、认可，为了不起冲突，会压制自己的需求，以别人喜欢的方式和他人相处，别人有任何意见，他们都会觉得是自己的错。如果你是讨好型的人，那么很多时候，即使别人告诉你他喜欢你，你也很难相信，需要不断地、反复地测试对方。

这种心理其实在很大程度上是因为自己不够喜欢自己，所以也不会相信别人会喜欢自己。这种人往往不敢表达自己的需求。

回答第二个问题时，可以试着把手放在心脏上，配合平和的呼吸，慢慢感觉自己，然后再问自己：我愿意无条件地爱护我自己、喜欢自己吗？我愿意对我自己不离不弃吗？

问题三：你有能力做些什么事情，你有什么可以赖以为生的能力？

这个问题探讨的是对自己的能力的认知。

正如上文所述，青春期和成年初显期要完成建立自我同一性这一任务，这会影响职业选择以及能否独立生存。如果人们根本不相信自己有能力独立生存，自然会找到很多方法证明自己确实不行，然后变得依赖他人，而后还会影响成年中期这一阶段是选择繁衍还是停滞。

在安全感、自尊、自信方面存在不足的人，当提到自己的优点、自己的能力时，反而会强调“我还有这里不好，那里不好，我还没有做到，我还缺这个那个”。这时要记住一点，这种自我检讨的想法可以有，但是如果过度了，这些想法就会变成自我贬低。所以在回答这一问题时，要写下自己完成过的事情，以及完成这些事情时所展现出的能力。

比如，每次都拖延到最后一刻才完成工作任务，这件事情其实就包含了很多能力，也反映出后续的努力方向。

首先，如果你对做一件事情有拖延倾向，并且知道自己有拖延症，这就意味着你拥有感知自己是否想做一件事情的能力，有觉察自己的情绪状况的能力。而从这件事情的结果来看，不难发现你还有一种能力，就是“即使这件事情我不太愿意干，但是仍然可以按时完成任务”。因此你可以开始考虑个人发展方向，是什么因素导致自己不喜欢这件事情？是该换个事情做，还是该和老板沟通，还是调整自己的心态？所以，当愿意慢下来和自己耐心地沟通时，可以从自己平时的想法中获得很多对自己的认知和生活的智慧。

问题四：充分发挥自己的能力做事情时，你能做多少，能把这些事情做到什么程度？

这一问题反映的是自我认知和对能力边界的理解。在生活中，有很多人经常随意承诺很多自己完成不了的事情，而在随意承诺时，因为没有真正考虑过自己能力的边界，他们真的以为自己能完成这些事情。有的人对金钱、时间、能力没有概念，于是给自己揽了很多活，最后却完成不了。也有的人属于常见的完美主义，认为自己做什么都必须完美，必须是最好的。这些都是对自己的能力、生命、时间和资源的认知存在局限性的表现。

正如上文所述，成年到中年，能力进一步加强，但是生活局限也进一步加剧，这其实就是一个考验平衡和突破的过程。如果一个人不愿意承认或无法确认自己能力的边界，一味认为自己什么都行，那么他的中年危机就会特别猛烈，直到他能接受现实为止。

第二步，从成长环境的角度分析这四个问题的产生和影响。

这四个自我发展的基本问题，其实在人们很小的时候就可以得到答案，但是很多人终其一生也没想过解决这些问题，因此就会一直被这些问题影响，导致类似中年危机的问题。举个例子，一个 3 ～ 7 岁的孩子的注意力能够集中的时间大约在 20 分钟，但是如果他总被严格地要求练琴 1 小时，由于他害怕自己的父母，也很想讨好他们，他就会欺骗自己的父母。在成年之后制订计划的时候，他就会制订出一些自己完成不了的计划，并且从来不敢面对自己的真实能力。

之所以会产生自我欺骗，甚至是在潜意识里产生不自知的自我欺骗，其实是因为不敢面对自己的真实能力。

因为缺少自由的自我探索甚至娱乐或游戏，而一直在被要求，所以这样的人就很难正确地看待自己、判断自己的能力。这些能力还包括一种对成功而言最重要的特质——自我控制。

在多人参与的游戏中，比如角色扮演，孩子在扮演老师、警察或医生的游戏中，会进行思考、计划、想象，这一过程能够提升孩子的执行力和协作力，以及认知的灵活性和自我管理、自我约束的能力。这种抑制冲动并做出有效决策的能力通常要求人们为了追求长远的成功而延迟当下的满足。

低水平的自我控制会导致不守承诺、违法犯罪，而高水平的自我控制与一系列正向的结果有关，包括更好的成绩、更和谐的人际关系、更高的自尊等。如果小时候被限制了娱乐的时间，某些能力的发展也就被限制了。所以如果你为人父母，在这一阶段要放手让孩子和小朋友玩，这很重要。

5～8岁是习惯养成的阶段。然而，养成习惯是否会限制发展呢？其实不会。这一阶段的所谓良好习惯实际上指的是，是否有办法调节自己的情绪。因为即使是在做自己喜欢的事情，也会遇到挫折，良好的习惯会帮助人们在遇到挫折时调整情绪并继续将事情做下去。很多时候，人们之所以无法坚持做一件事就是因为遇到了挫折，或许是觉得困难、无趣、漫长、暂时看不到成效，等等。

这时养成的习惯决定了人们在今后遇到困难时是轻易放弃还是坚持到底。比如，在亲密关系中，有的人一吵架就说分手，就想放弃一段感情，但有的人会选择努力沟通并化解两个人的矛盾，这和小时候养成的习惯有关。如果在这一阶段能给自己制定情绪规范，这个规范就会成为一个人持续发展的重要基础，否则情绪的泛滥就会影响思维能力的发展。正如上文所述，拥有了一定情绪的耐受度，才能进行真正意义上的思考和改变。

所以如果可以在5～8岁这一阶段培养出基本的意志力和实干能力，从而拥有主动性的发展，就可以顺利进入青春期。

第三步，评估在过去的时光里，自己对事业和生活的掌控有多少。

到现在为止，如果对上述问题进行了认真思考并写下自己的答案，也思考了这些答案，那么一个心理地图就已经初具雏形了。

请继续回答以下四个更深入的问题。

问题一：在儿童期和少年期的时候，你对后续的生活有过怎样的期许？

问题二：在青春期的时候，最让你困惑的问题是什么？同时考虑一下，这些困惑和你在那一阶段需要发展出来的能力之间有什么关系？

问题三：上面的这些主题——年少时的期许和困惑，在成年初显期里是怎样的？是随着你的社会化水平的变化而变化，还是被埋葬了，抑或是进入了一个更深的层次，使你不断积累自己的实力？

问题四：在成年期的时候，你的脚步是虚浮的还是已经扎实立足？

思考这些问题并结合上文的内容对答案进行梳理，就会画出一个属于自己的心理地图的基本框架。

希望你带着属于自己的这张独特的心理地图继续往下读。通过对心理基因进行全面的筛查和优化，你会慢慢开始认清未来的路该如何走，如何重新掌控你的人生。彼时，你会发现那种感觉很安全、很踏实、很有价值，幸福感也会随之提升。

第二章

事业管理

2.1

心态管理：工作对你意味着什么

本章主要讨论逐渐进入事业瓶颈期的原因，工作一段时间后，为什么会感到被工作占领了生活、消耗了精力，同时又为什么会越来越感到工作没有价值或意义，失去了工作的热情。

首先，请回忆在面对工作时的一些感受，这些感受会对心态管理造成一定影响。

关于心态管理，很多人其实都存在误区和错误做法，治标不治本。

以戒烟为例，如果一个人在戒烟时只是单纯地用一些手段限制吸烟行为，而没有考虑如何处理背后的成瘾问题，即使他可以忍住不再抽烟，也很可能会转向喝酒或暴饮暴食等其他替代行为。所以在心态管理上，除了要掌握一些能够短期改变心态的方法，还要知道到底是什么导致了这种心态。

所以，先要了解自己对工作的真实感受。在测试后，你很有可能会发现其实自己并没有想象中那么热爱工作，或者自己的工作实际上没有想象中那么讨厌。

在现实的生活中，很多人在中年时开始感觉失去了工作的热情和动力，很多时候只剩下“熬着”，这是一种进退两难的状态。很多人在此时开始感到力不从心，而且不良工作状态已经开始影响生活的其他方面。

一般来说，这种状态的出现有三种不同的原因。

第一种，本来就不喜欢这一职业。随着工作内容和难度的变化，压力也会增大，每天的工作就变成了和负面情绪、负面经历做斗争。

第二种，由于过往的一些经历的影响，无法激活自己的活力，这阻碍了全部能力的发挥。比如，上学时老师对于考试成绩不太好的你总是横加指责，同学也孤立你。当领导一个新的项目时，你可能也会担心无法让同事认同，无法让领导满意，总是记得上学时的不好的感觉，于是面对工作很容易产生消极情绪。

第三种，职业倦怠。上述原因都容易导致在工作中难以保持愉快，而更多地感到有压力。如果把愉快的经历比喻为收入，把焦虑和难受比喻为支出，当感到自己开始在工作中失去掌控时，人们其实已经处于入不敷出的状态。这就像一台机器在不断地运作，但是却没有得到任何保养，也没有任何的原材料、原动力被加入。

对工作失去控制，指的是一种没有力量掌握周围的事情和事态发展的感觉。这种感觉进一步发展后，就会变为心理瘫痪的感觉。有些时候，心理瘫痪的感觉会被很多人定义为拖延症。很多人身上其实会同时存在这几种情况，只不过程度有所不同。

程度轻的人如果不注意调节，时间久了也会产生职业倦怠。职业倦怠很多时候会被人误认为是自己不适合这个职业。不管多喜欢一件事情，只要从事的时间久了就会产生一定的倦怠。如果把职业倦怠误认为是对职业本身失去了热情和动力，人们很有可能就会错误地决定在这时变换职业。所以，怎样判断自己到底属于哪一种情况就非常重要。

以下自我评测可以测试人们对工作的真实的感受。

请仔细思考以下四个问题，并且写下看到问题时心里产生的第一个答案。

在给出答案时，一定要记住一点，答案不需要符合现实，只需要是内心产生的第一个答案，看到什么或想到什么就直接写出来。

问题一：早上起来时，睁开眼睛后的第一感受是什么？

可以回想一下，今天早上起床的时候，或者回想一下这一周、上个月或这几个月以来，早上睁开眼睛时的第一感受，可能会有很多个不同的第一感受，可以把几个最常见的第一感受写下来。

问题二：想象一下自己正在上班，进入办公室或进入办公楼时的感受是什么，或者你是否留意到，在进入的那一刻，感受会有什么变化？

问题三：如果不需要再担心收入，不需要再担心别人的目光和看法，目前的工作中哪些部分是你没有收入也愿意做的？

问题四：如果可以不顾一切，没有任何后顾之忧，在余生里，你想做什么？

在过往的咨询中有很多人都会问我，为什么别人做某件事就那么轻松，但是我自己做某件事就这么困难？其实世界很公平，每个人都有每个人的苦难，没有人能够轻易成功，人们可能只是看到了别人轻易成功的部分，却没有看到背后是多年的努力和付出。人们看到的可能是他们没有心理内耗时的表现，但是没有看到为了过没有内耗的生活，他们付出过多大的努力。

几乎所有的心理学家都会同意一个关于生活和工作的真相：如果想要获得心理健康，那么就要过遵循内心的生活。过遵循内心的生活需要很多勇气和付出。所以人们看到的只是他人付出努力后的结果。如果你也想有这样的生活，就要看看这些人比其他人多付出了什么。

第一，他们坚持自己的想法，并且他们可以承受别人的看法和反对，并且在这种情况之下，他们仍然可以一直坚持，只要这个想法遵循自己内心。

第二，在被要求做一些违背内心想法的事情时，他们知道怎样灵活处理。不管是直接拒绝，还是周旋，还是妥协，他们总能灵活地找到出路，而不是做违背内心的事情。他们不认为妥协是一件消极的事情，因为妥协其实意味着双方可以协商解决。

其实很多有内耗的人、内心纠结的人，在生活中经常都会在很多方面让步，但是这些让步都是出于恐惧、不安全感，而让步的结果通常是委屈了自己，在内心积压了很多消极的情绪。他们通常以为“如果我忍下来了，如果我委屈一下，这件事情很快就过去了，就不麻烦了”。

确实，“打碎牙往肚子里吞”在当时看起来是个很快能摆平事情的做法，可是在后期要付出很高的心理代价，甚至会有一种背叛自己的“存在主义负罪感”。而那些没有内耗的人，他们其实每天都花了很多时间在这些“很麻烦”的事情上。他们不会随便对抗或讨好，而是花很多时间调节自己的情绪后，思考怎样协调好周围的事情，并且在这些事情上找到一条中间的道路。

正是因为他们每天都会花很多时间思考协调这些事情，所以他们走的每一步、做的每一件事情都是踏实的，都是遵循自己内心的。因为有这分踏实，他们就可以稳稳地掌控自己周围的事情，并且不会感到急躁或不耐烦，也因此他们在大部分时间里都是从容而充满热情的。

这个自我评测可以让人们对自己与工作之间的真实关系有一定的认识。有的人可能会问：如果现在从事的确实不是自己喜欢的事情，我是不是就必须辞职？不是的！其实辞职或继续工作，只是行为层面的问题，在付诸行动之前，先要找到问题的根源。即使是必须从事自己不是特别喜欢的工作，也有很多其他办法可以帮助人们重新恢复心理健康并找到人生的意义。

要达到快乐而有活力、没有内耗的状态，要从觉察、了解和尊重自己的感觉开始，这种感觉包括心理感觉和生理感觉。

先做一个情绪的觉察，这可以帮助人们发现自己对工作的真实感受。这一工作情绪觉察和缓解的方法包括三件事情。

第一件，记录当工作中的压力源出现时，身体有哪些部位有感觉，有什么感觉？

比如，工作中会有很多压力源，可能是需要给客户打电话，或者是接听客户的来电，或者是需要面对老板，或者是做演讲，参加会议，等等。

首先要做的是列出工作中的压力来源。然后，体会一下想到这些压力源时身体会有哪些部位有反应，具体有哪些反应？比如，有的人感觉肩膀发紧，或者肩膀会不由自主地耸起来，或者感觉膝盖发软，或者感觉消化系统有反应，等等。

每个人在面对不同的压力源时，反应也可能不一样，所以大家尽量花一些时间，比如回忆一下今天的工作，从进入办公室到离开办公室，一整天的工作中哪些事情会带来压力，是怎样的压力？这种压力出现时会有什么感觉？

第二件，记录压力源后，晚上躺在床上时，大家可以试一试自然放松自己的肩膀，正常地呼吸，然后慢慢地把注意力集中到对压力有反应的部位上。比如，整天都觉得肚子很紧张、很难受，那么在床上开始放松后，就试着把注意力集中到肚子上。在这个时候肚子可能会产生各种各样的感觉，此时可以按摩一下腹部，但是注意力一定要集中在肚子上，感受肚子的感觉。

如果反应部位是肩膀或是脚踝，也是同样，在放松后把注意力集中到这些地方，然后保持呼吸，也就是“你要记着呼吸”。这句话听起来很可笑，但其实当一个人面对压力时，会不自觉地屏住呼吸。在做这一练习时要记住保持呼吸，不管有什么情绪，都尽量记得要有意识地呼吸。在保持呼吸的情况下，有意识地放松承受压力的身体部位，让压抑在身体里的情绪浮现出来。这一点是最难的，因为既然需要身体代替精神承受感觉，就证明这一感觉并不好。如果第一次练习时没有成功也没有关系，可以继续每天做。需要做的只是坚持尝试。因为即使只是开始一个小尝试，实际上就已经在开始实现转变了。

第三件，让承受压力的部位可以“开口说话”。这一练习是为了知道被压抑的情绪是什么。对觉察自己的情绪感到困难的人，就可以使用这一小窍门。感觉一下，承受压力的那个部位是像一只兔子，还是一团泥浆，还是一根木头。然后，可以想象假如那个部位可以开口说话，它会说什么？有时肚子会说“不好，离他远一点儿”，有些时候肚子会想起一段小时候玩过家家的回忆，等等。这些都是情绪的象征，就像梦一样。

通过这些练习，可以开始了解自己原来对生活和工作可能存在的感觉。这种感觉可能很丰富，也可能对同一个工作、同一件事情有很多种感觉。没有关系，今天要做的第一件事情是，清晰地知道到底有一些什么感觉。

本章的后续内容将进一步梳理，在成年期和中年期会在的工作、事业和社会交往方面遇到的挑战。

如果你已经在中年期，这些内容可以帮助你复盘并且改变现状。

如果你还处于成年初显期，那么你可以未雨绸缪。

2.2

选择管理：如何面对事业困境与瓶颈

在阅读上一节后，很多人会想，当自己面对事业上的选择时，根本不知道自己喜欢干什么，所以就算知道自己对目前工作的感觉，也不知道应该怎样找到改变的方向。

大部分人在上大学之前从来没有真正思考过自己想要做的事情。很多人只是根据高考分数报考专业，或者听说什么专业容易就业，就选择什么专业。

很多人都缺乏自己的价值判断，缺乏思考力，在生活和工作中处于被动状态，被事情推着走，但是内心又感觉有很大落差。这是一种比较严重的价值观体系和自我缺失的表现。关于这一问题，北大著名的心理学副教授徐凯文，根据他和学生一同工作的经验，将这一情况称为“空心病”。

比如，一个没有内在的价值判断、喜好判断、感觉导航系统的人，就好像一个玩具机器人，像一个用他人的评价堆砌起来的玩具，而其内在实际上是空空如也的，因此他们的心理危机很多时候会在高三或在大学时暴发。就算此时没有暴发，顺利毕业进入职场，他们在后续发展中也会面临巨大的困境。从小学青少年时期的积累，进行自我认知，到后面的整合迭代，到最后的突破，这是一个环环相扣的发展过程。

每一环节里走过的捷径，最终都会在后续环节中变成最长的弯路。徐凯文副教授提到的空心病，在日常咨询中非常常见，其表现为对他人意见的异常依赖。比如，有问题不知道应该怎么做出选择，必须征求别人的意见；很在意别人对自己的看法，如果有哪点不如别人就会很难受；也不知道自己喜欢什么，别人说什么就是什么；虽然自己在生活中似乎什么都做对了，但是又总感觉哪里不对，总感觉自己活得不舒展、不舒服。

一些大学生以及进入社会的成年人由于严重的空心病，容易陷入严重的抑郁，甚至最后不得不退学或病休在家，难以回到学校或工作岗位。造成这个问题的根源之一便是拥有一个被包办的童年，尤其是在5～13岁这一时期。

为什么很多家长要包办孩子的童年呢？因为对有些人而言，学习好就代表一切都好，包办孩子的童年可以使孩子很快取得很好的成绩，所以这是一条很多家长喜欢走的捷径，但它却是人生发展中最长的弯路。因为包办童年、只看学习成绩这条捷径的代价是孩子的自我、自主性、价值观没有得到充分发展。

童年时，如果每一次都让别人帮自己做选择，没有经历过思考和选择，就无法形成自己的价值观。价值观的意思就是一个人觉得什么更值“钱”。当然，这个钱其实指的不仅是金钱，还有时间、精力等稀缺资源。价值观的形成是一个不断练习、不断试错的过程。在这一过程中逐渐了解自己更看重什么、什么事情对自己来说更重要，然后在往后的抉择中，人们就会在自己看重的事情上投入更多，并且限制自己在不重要的事情上的投入。毕竟时间、金钱、精力都是有限的。

价值观就是取舍。如果很多事情从小就都由父母包办，人们自然就会缺少练习选择、面对取舍的过程。

没有父母的“包办”，孩子就需要自己学会面对挫折和失败，学会协调很多不同的冲突，也需要学会认识自己，并且逐步为自己的选择承担责任。一个人如果没有经历过挫折，或者面对挫折时都是被动应对而不是主动迎战，或者一直都选择最容易的路，他的心理免疫系统就会很脆弱，就好像一直处在无菌病房里一样。而那些一直在真实生活中摸爬滚打的人所经历的就像从小到大的发烧、感冒一样，在经历各种各样的病毒和细菌感染后生病，病愈之后体内就会有抗体，免疫系统就会越来越强大。

心理和身体其实是有共同点的。如果心理从来没有经历过任何挫折，什么都由别人包办，这无异于让心理一直处在一间无菌病房中。其他人花了 18 年的时间慢慢适应了外界，他们经历过各种各样的小病，通过克服这些小病拥有了抗体。而对于你而言，可能在过去的 18 年甚至 20 年中都过着完全没有病痛的生活，因此你一旦从无菌病房里走出来，就会经历别人在过去的时间里经历过的所有病痛。只有将这些病痛全都经历一遍，才能产生和别人一样的抗体。

这一过程还会锻炼人承受情绪的能力。每一次生病都会很难受，都会带来很多情绪，久而久之，人们就会慢慢知道怎样面对这些情绪。如果从小没有经历过这些，心理可能就会很脆弱。如果在过往的人生中走的都是捷径，那么最好的办法其实就是尽快把之前欠的债都还清。

人在面对选择时需要具有自己的取舍标准和承受能力，这些能力的强弱取决于13岁之前的几个发展阶段的发展情况，而在这些发展阶段要回答的问题是，我能做什么，我能做多少。这些问题的答案决定了人们以怎样的标准做事业上的选择。

回答这些问题需要回到4岁的时候。一个正常发展的孩子在4岁的时候，需要大量玩耍，也喜欢玩耍。一个孩子开始玩耍时，就会发展出真实的能力，并且开始知道自己喜欢什么，能干什么。玩耍时，孩子的专注力和创造力都是自发的，不需要刻意努力。注意力集中、创造力旺盛是所有人天生就自带的状态。如果觉得注意力很难集中，要学习的是如何恢复到天生的状态，而不是学习重建这个状态。

人类天生充满好奇心、专注力和创造力。人们并不需要学习怎么好奇，学习怎么专注，怎么有创造力。

很多小孩可以花半天时间看蚂蚁，可以问出很多问题，可以很专注地玩一个玩具，玩一下午都不腻，还可以把积木拼搭成各种样子，把它想象为一个人，想象为一个厨房，等等。这些充满创造力的状态其实是人类天生就有的，所以真正要关注的是，在发展的过程中到底是什么事情使人们失去了这一状态。

比如，很多人觉得不知道自己喜欢什么，是因为从小就被要求学钢琴、学小提琴等，而不是因为自己喜欢。有的人可能会说："说不定这些爱好练着练着就逐渐爱上它了呢？”其实，这是两种不一样的状态。真正的爱好其实是发现这件事情的有趣之处后才开始学习，而不是在学习过程中体会到有趣之处。当然，再热爱的事情在学习的过程中也会遇到困难，但有由于喜爱，所以在面对挑战、困难时，感受更多的是解决问题的快感和成就感，而不需要刻意坚持。以打鼓为例，很多人开始喜欢打鼓，其实可能是因为一次很偶然的机会，可能只是看到别人在打鼓，然后发现原来打鼓这么有意思，有很多节奏变化，就算没有其他乐器配合，打鼓本身好像也很有意思。在听到鼓点的时候，感觉整个身体都想跟着跳动起来，感受那种从心底里发出的热情，因此他们才会想学习打鼓。由于一开始这件事情就是一段很正向的经历，所以在学习打鼓的过程中，即使还没能学会打某个节奏，但他们知道自己能把这个节奏打得很顺畅的时候会获得一种身心愉悦的体验，所以他们就可以忍受枯燥的练习过程。

而对于在学习尝试后找到的爱好，如果是因为在学习的过程中找到了乐趣，体会了快乐，那也可以算是真正的喜欢；但如果练习的动力是每次获奖时的风光，那么爱好其实是获奖，而不是这件事情本身。而对于有空心病的人而言，他需要享受的就是获奖时的风光，就是别人的赞扬甚至是自己藐视别人时的虚荣。

孩子在玩要过程中，就会逐渐发现自己的兴趣，慢慢知道自己喜欢什么、能干什么。当然，这有个大前提，就是安全感。一个人如果没有安全感，害怕失去，害怕被别人讨厌，那么他就不敢自由自在地玩。这样的孩子在长大之后，就会在一定程度上受制于别人的观点。

很多人在面临选择时，所选择的并不是自己喜欢的，而是妈妈觉得他喜欢的，或者是周围的人觉得他看起来很擅长的事情。这样的人会把别人的感觉看得比自己的真实感觉更重要。

在面临选择时，在尝试寻找突破时，尝试找寻自己真正喜欢的事情时，是把自己的感受放在优先位置，还是把别人的感受、看法放在优先位置，是一个很本质的区别。如果在做抉择的过程中，首要考虑的是别人的看法，那么有很大概率做出一个并不适合自己发展的决定；如果把自己的感觉放在优先位置，然后再平衡周围人的感受以做出最终选择，那么所做的事情至少是自己喜欢的，人生就会容易很多。

比如，我可能知道打鼓不一定会给我带来很高的收入，但打鼓这事让我很愉悦。我也许不必成为一个专业的鼓手，但是我可以在每天打鼓的时候感觉快乐一点。这时我就不会在意别人怎么看我。

如果在儿童期没有充分地玩要，那么这些没玩够的人往往会在事业上遭遇瓶颈。我在咨询过程中发现，很多人实现自我转变的方法是学习如何玩。在练习玩耍的过程中，那些为了满足别人而被压抑下来、没有得到满足的情绪就会浮现出来。这是一件好事。虽然这些情绪可能会让人很难受，但是这些情绪就是重新获得发展生机的很重要的动力。

开始练习玩耍前，需要思考以下三个问题。

问题一：回忆从小到大是否有过太投入而忘记了时间流逝的经历？如果有，当时在做什么？

问题二：上一次放肆玩耍并且觉得很开心是什么时候？当时在做什么，跟谁在一起？

问题三：回忆你上一次玩耍结束后，是感觉更充实还是更空虚？

问题三旨在区分逃避式的放纵娱乐和真正的玩耍。其实很多人不愿意玩耍或不敢玩耍，是因为他们以为玩耍和放纵是一回事。

其实不然。对大部分人而言，玩耍还远远没达到放纵的地步。如果真的很担心这一点，可以学习区分逃避式的放纵娱乐和真正的玩耍，标准就是，做完这件事情后是感到更充实，还是感到更空虚。对于那些有强迫性思维的来访者，我甚至会告诉他们：我能给你开的药就是每天必须睡够 12 小时，玩够 6 小时，而且还不仅仅是玩电子游戏，还必须每天变着花样玩。

这个练习可能很困难，但是记住一点，这些困难一个一个地被解决的过程，恰恰是重新获得生机的过程。如果可以重新开始投入地玩耍，很多原来的强迫性思维，很多职业上的困境都会被解决。

在转变的过程中，限制性思维和错误信念也是很大的障碍。比如，在谈及学习和进步时，一个典型的观念是"学海无涯苦作舟"。人们普遍认为学习的过程是痛苦的，因此他们会在人生中不断寻找痛苦，认为只有承受痛苦才可以达到人生的目标。这样的人可能一生都会很痛苦，而且这份痛苦还是自找的。反之，如果把这一限制性思维模式替换为"人在痛苦中固然可以学到一些内容，但是在快乐中学习也可以学到很多东西，获得很多人生意义"，就会在面对选择时，也可以选择快乐，这样自然就会更容易避免一些痛苦。

在成长过程中，找出自己的限制性观念非常重要。学会玩耍，其实是很多人走出30～40岁困境的一个重要环节。这虽然看似风马牛不相及，但是在临床工作中，这一简单的做法几乎百分之百帮助了面临中年危机的人。

而且，学会玩耍这件事情本身就有助于恢复很多没有被发展出来的心理功能。

2.3

精力管理：如何拥有精力和专注力

怎样才能拥有精力充沛和专注力良好的状态？

这是一个很多职场人都会问的问题。因为状态管理不好，很容易造成工作低效，难以处理好工作和生活中的事情。

那么，怎样才算拥有好状态？状态管理又是怎么一回事？大家经常想拥有的好状态，是怎样形成的？

心理学史上非常著名的案例，案例的主角叫米西（Missy）。米西参与了一项长达七十多年、至今仍在进行的研究。从她出生到她的孩子出生，所有的人生经历都在实验中被记录存档。米西是一个很难得一见的典型，其典型之处在于她的家庭环境良好、父母心理状态稳定，她顺利地度过了人生发展的每个阶段。于是，人们可以在她身上看到人的各种能力是如何发展出来的。

米西在 2 岁时，参加了一次关于解决问题和情绪调节的实验。年仅 2 岁的米西被单独放到一个房间里，房间的正中央有一个巨大的透明箱子，箱子里放的是对孩子有极大吸引力的玩具，而在箱子外面的地上则放着几个普通的玩具。

当米西进入房间时，她很自然地被透明箱子里的玩具吸引。她非常高兴地跑向箱子，然后开始推箱子、搬箱子，希望找到能打开这个箱子的办法。她一会儿看看箱子里的玩具，高兴得不自觉地笑起来，然后又把注意力集中到箱子上，继续尝试打开箱子。在这一过程中，她对新玩具的喜欢是自然、直接、由衷的，并且表露出了这种喜欢。在打开箱子拿到玩具这件事情上她表现得很有自信，她很坚持地尝试各种不同的办法。值得注意的是，她只是一个 2 岁的小女孩，在实验时她还穿着尿布，而这个箱子的高度和她的身高一样。

在实验设置里，小孩是打不开这个箱子的。也就是说，对小孩而言这是一个会引起挫败感的实验。米西尝试了很久，还是没有找到任何打开这个箱子的办法。这个时候她开始皱眉头了。在开始皱眉头的时候，她频频看向箱子里充满吸引力的玩具，然后又继续想办法。这时可以明显看出她内心开始有情绪了，虽然这个情绪还在她的控制范围内，但是已经开始影响她的投入状态。

设想如果是你，在遇到对自己有强烈吸引力又似乎怎么努力都得不到的东西时，你会有怎样的感觉？会有哪些情绪？会怎样处理这些情绪？这个事情后来的走向又会怎样？

一般来说，很多孩子在遇到这种情况时都会放声大哭，或者不再坚持玩这个玩具，或者开始敲打箱子，表现得很生气、很沮丧。但 2 岁的米西表现出了令人惊叹的情绪调节能力。她没有让自己的沮丧情绪继续发展。当开始感觉到沮丧时，她径直走向房间里的那堆普通玩具，坐下来开始玩那堆普通玩具。她的表情刚开始仍然显得有些沮丧，但是很快她就开始投入地玩那堆普通的玩具。玩了两三分钟，她的情绪就恢复了。这时，她很快站起来，离开这堆能安抚自己情绪的普通玩具，回到透明玻璃箱子前，继续想办法。这样的过程反复了几遍，直到实验结束。

米西的身上拥有很多成年人都没有发展出的状态管理能力。

第一点，米西对于吸引自己的东西可以自然而直接地表现出喜爱之情并且会主动追求。很多其他孩子进入房间后，可能只是远远地看着这些玩具，或者看到玩具在箱子里面就认为“这个玩具不能玩”，或者尝试一下就放弃了，但是玩普通玩具时就会心不在焉。

第二点，米西对于解决问题有坚持不懈的品质，而且是坚持而不是固执，她能灵活地选择和尝试不同办法。有的人做事浅尝辄止，无法坚持不懈；有的成年人在事业的道路上一条路走到黑，觉得非如此不可，不接受任何其他意见，这就是固执。

第三点，米西有觉察自己情绪的能力。这种觉察来自于她能接纳这样一个事实：消极情绪就是日常生活里很自然的部分，出现消极情绪就去调节和解决。这得益于她的父母的情绪成熟度。所以，她很熟悉自己的消极情绪，在沮丧等消极情绪严重影响自己之前，她就会主动采取行动，及时进行调节。很多人压抑自己的情绪，不允许自己有消极情绪，却任由情绪在心底发酵，影响日常的工作状态。

第四点，米西能暂时离开自己的压力来源，通过熟悉的办法调节情绪，然后再继续解决问题。她既没有和箱子死磕到底，也没有找到替代品就回避和逃避内心的追求。有的孩子看到很吸引他的玩具后，就无法再去玩普通的玩具，情绪就卡在“好玩具得不到、普通玩具看不上”的困境里。

从米西在这一实验中的表现可以看到她的很多优秀的心理素质和

心理能力的萌芽。在后续的人生里，她或许能把这种玩耍和探索顺利转移到对人生、事业、关系的探索上，并且保持了好奇和热忱、坚毅和灵活。通过米西 2 岁时在这个实验中的表现已经可以预计她在进入社会后在事业上会有所成就。

那么，在精力和专注力的问题上，米西能给人什么启发？

首先，当一个人投入地玩耍时，这一状态就是一个人最专注的状态。如果发现自己不会玩，或者不敢玩，或者玩的时候觉得很无聊，那么现在就要非常重视这个问题。

重新学会玩，可能是完成阶段性突破的第一步。玩耍时，人的创造力、精力、专注度是最高的。如果没有玩耍，无法享受一些经历，那么人们就会缺乏调节情绪的出口了。毕竟，调节情绪不等于压抑情绪，而是要释放压力，然后将愉快的情绪填充进去。

其次，很多人都有注意力涣散的问题，这其实是在成长过程中没能保护好自己自然的状态，而被外界的影响入侵过多造成的。如果一个小孩在很专注的时候总是被打断，这个孩子自然就无法形成专注力。

什么叫总是被打断？比如，很多家长在带孩子去动物园玩时，因为想要“值回票价”，总希望能带孩子看完所有动物。但实际上，孩子的注意力很有限。对于孩子来说，可能今天特别想看河马，他就可以在河马前看好几个小时，保持一个特别专注的状态。因为对于一个孩子来说，他并不会觉得要看完所有的动物才是好的；当他被河马吸引时就会自然而然地想看河马。但此时家长可能会有很多目标，他们会拽着孩子看完所有的动物，或者希望今天能完成认识 15 个小动物的任务，于是他们会在孩子很专注地看河马时打断孩子，说“走，我们去看老虎”。

到了看老虎的地方，孩子可能也会被老虎吸引，开始看老虎。等到他的注意力好不容易从心心念念的河马身上转移到老虎身上，开始认真看老虎时，家长又说“好，时间到了，我们要去看斑马”。在这一过程中，孩子的注意力就会不断被打断。而且日积月累，受到这一习惯的影响，孩子以后每当要投入一件事情时，“一定要值回票价”这一思维就会入侵进来。这些思维限制就会使他一旦集中注意力就会感到焦虑，以至于必须通过刷手机、吃东西转移注意力。对一个孩子来说，如果专注状态一直被打破，自然就很难再维持这一状态。

小时候没有充分玩耍的孩子，就无法在玩耍和探索的过程中顺利发展出对后续人生而言至关重要的各种心理能力。没有玩耍的状态作为参照物，一个人也就很难形成专注状态的标准，也无从知晓调节自己的精力以维持专注状态的方法，也很难知道自己喜欢什么。

米西带来的另一个在状态管理上的启发是，小时候的玩耍质量与长大之后学习的状态、进入社会后工作的状态、在亲密关系中维持亲密的状态都密切相关。

要注意孩子的玩耍质量。有的孩子可以自由探索，会在玩耍时先观察周围都有什么玩具，分别怎么玩，以及最想玩哪个，或者看看怎么把玩具组合起来。他们会有很多想象，比如，同样是积木，如果他们今天玩建造游戏，那些积木可能就是一块块砖头，明天玩的可能是过家家，那些积木可能就会是不同的人。在玩耍过程中，他们的想象力、创造力等都会发挥出来，他们也会从中体会很多乐趣。

但是也有一些孩子很多时候只是拿着玩具而已，并没有非常投入地玩耍，好像还有一些别的事情占据着他的注意力。如果发现自己的孩子曾经这样，或者留意到自己在玩耍时很难集中注意力、倾心享受，那么就需要重点留意这一问题。因为一个人的玩耍质量很大程度上决定了人生的质量。比如，在亲密关系中，你和你的伴侣在一起时可能也会缺少玩耍，更没有相同的兴趣点，相处时往往就会不放松、不享受；在事业发展上，上班是使人烦躁，还是总能带来乐趣？这些都可以从一个人的玩耍质量上看出来。

最后，怎样从探索性的玩耍状态转换到投入精力专注做事的状态？

玩耍能帮助人们了解自己到底喜欢什么，到底应该在哪些方面投入精力或哪些方面最适合投入精力。

如果做的是自己不喜欢的事，人生就会很无聊。而玩耍可以帮助人们逐渐找到自己真正喜欢的事物。比如，在玩耍的过程中，我发现自己特别喜欢音乐、声音。在了解了这一点之后，不管是成为音乐家、调音师、DJ，还是从事其他与音乐有关的工作，只要是和音乐、听觉相关的工作，都能让我延续好奇，保持专注的玩耍状态。

而且，由于这件事情是我喜欢的，所以在工作时，我仍然会和玩耍时一样，不断探索各种新奇玩法、新事物。这样的人认为在下班后学习是没有压力的，是很享受的，不会觉得在被老板要求学习，并且他们也很享受不断磨炼自己的专业能力、学习新事物的过程。

在玩耍这件事情上，其实很多人会有很多错误的信念。这些错误的信念使其远离了这种自然的状态。比如很多人都觉得兴趣不能发展为职业，有人觉得干活就必须一动不动，间歇休息的工作方法不好，等等。设想，如果你对一件事情不感兴趣，做这件事情前要做很多心理建设，做的时候也无法感受快乐，跟那些对这件事情本身就很感兴趣的人比起来，你可能永远都无法超越他们。你认为的加班，对他们而言其实是在享受解决问题的过程，他们甚至会因此忘记时间。所以，加班时，你会有很多怨言、很难受，而他们根本不认为自己是在加班，而是在做自己喜欢的事情，你们的心理感受完全不一样。日积月累之下，你自然会大大落后于他们。再回想一下米西的例子，她过人的情绪调节能力正是体现在她能在适当的时候离开箱子，通过玩玩具调节自己的情绪。

所谓的坚持、坚毅，其实是指在某件事情时如果遇到问题或挑战能不退缩，并且能调整自己的状态。坚持、坚毅，并不是要求人们一定要做一件很难的事情或很讨厌的事情并在其中获得锻炼。这是很多人对坚持、坚毅的误解。

要做到真正的坚持、坚毅需要认清在做事情的过程中一定会遇到困难或挑战的现实，但是仍然对这件事情心存热爱，仍然愉悦地完成这件事情，坚信眼前的困难只是一时的，总会过去。这样的人在遇到困难的时候是有期盼的。

一个人如果本来就不喜欢这件事情，而且着手的事情又比较难以完成，无法从中体会任何乐趣，那么他对未来就很难有期盼，在做这些事情的时候，当然就只能咬牙坚持。在这一过程中，人们的动力会逐渐减少，因为根本就看不到任何出路，也无法获得任何积极体验。

回到上文提及的一个问题，如果现在重新回忆你的工作，有没有一些工作即使没有报酬你也愿意做？如果有，这些工作就是真正可以让你体会到自己的存在的。

如果做一份工作只是为了钱，那么这份工作带来的也就只有钱，而没有自我认同和自我成长，并不能带来人生的意义。如果持续这种状态，四五十岁时就很容易陷入绝望和停滞，晚年生活也可能很痛苦。

所以，大家如果现在正好有机会，就可以尝试发掘“我玩什么时比较高兴”。现在的玩耍乐趣不一定要成为职业，但是如果不曾将任何时间花在一件自己真正认同的事情上，那么在后续的人生中可能会自然而然地产生更多的绝望感和无力感。

作为一个小练习，请你在一周内尝试做三件没有意义的事情。这很重要。

什么是“没有意义”？

如果不知道自己喜欢什么，自然会用功利的标准评判一件事情。例如这件事情是否有利于个人成长，或者有利于竞争。所以，如果根本不知道自己喜欢做什么事情，你要做的第一件事情就是，试着做一些看起来没有意义的事情，因为这些事情对于你而言才是新的尝试。“没有意义”这个标准是在帮助你跳脱出功利的思想，寻找一些自己以前从来没有尝试过的事情。

比如，看一看蚂蚁搬家，或者晒个太阳、懒散一下，或者玩玩沙子，甚至给自己买一直想玩的遥控车、芭比娃娃，等等。这些你觉得没有意义的事情，在此时，对于个人突破来说，才是应该立即探索的。否则，一直囿于很多以往的评判标准，你的眼睛永远只能看到那些固定思维让你看到的东西。

再次回到米西的案例。维持专注需要对精力进行管理。很多人都会要求自己有大段时间、有完美的状态才开始工作。而米西带来的启示是，在日常生活中，精力是有限的，状态会随时改变，如果一切都要等到所有条件成熟才能做，那就永远无法开始。

专注不是等出来的，不是刷手机刷出来的，而是在做事情的过程中慢慢进入的一种状态，而且这种状态会受到情绪的影响，而情绪就是会经常波动。比如米西想去解决问题的时候，她就会专注于解决问题；当情绪开始干扰状态时，她就会选择暂时放下问题，用玩耍重新给自己补充能量；能量充足后再去解决问题。

一个人的意志力、精力、专注力都有限。假设一个人一天的意志力、精力和专注力是 100 份，上午的工作消耗了 40 份，下午的工作消耗了 50 份，到了晚上，其实就只剩下 10 份。10 份意志力、精力和专注力可能不足以抵御夜宵的诱惑。如果要求自己不吃夜宵，这时就会很难受，因为已经没有“余额”完成自控这件事情了。面对这种情况，要么为自己“充值”，要么减少在工作上消耗的意志力、精力、专注力，将其多分配一些在自己的生活上。透支固然也是一种选择，但透支的利息很高。

2.4

人脉管理：如何提升自己的社交价值

有很多人在中年、压力最大的时候被辞退，又很难再通过投递简历获得新工作。确实，在进入社会十五六年后，换工作或进一步发展已经不能再仅仅依靠一份简历，而是需要依靠自己进入社会后建立起来的社交网。而这时就会出现一些问题。

很多人并没有建立自己的社交网，他们把建立社交网错误地理解为功利的算计或办公室政治，因而对社交不屑一顾，最后在需要朋友帮忙时走投无路。

本节的内容分为四部分。

第一部分，了解人际关系的自然发展过程。

第二部分，探讨人如何获得影响力。

第三部分，思考基于经历而交换的人际关系是如何形成的。

第四部分，分析自身的发展和人际关系之间的互相影响。

上文一再强调玩耍的重要性，因为在人脉管理的过程中，能否跟别人玩到一起，决定了是发展出真正的人际关系，还是止步于互相加了微信好友。

先来看看自然发展的人际关系是如何建立的。

和一个人玩到一起后建立起来的关系，同和一个志同道合的人建立起的革命友谊一样，这种关系很可能是牢不可破的。这一结论来自学者对孩子玩耍过程的研究。

在玩耍的过程中，孩子能通过别人的回应体会自己的所作所为带给别人的感受，以及别人的所作所为带给自己的感受。在这一互相协调的过程中，他们渐渐学会如何兼顾别人的感受和自己的感受。

在玩耍的过程中，孩子会不断调试、不断学习怎样既让自己玩好也和别人相处好。慢慢地，孩子就会知道自己应该找什么样的朋友，以及什么样的人不适合与之成为朋友。在这一过程中，孩子会慢慢学习到很多关于社交的知识。

在玩耍的过程中，孩子既了解了别人，也通过别人这面镜子从更多层面了解了自己。如果能真正了解自己、接纳自己，当需要在人际关系上或事业上做决定的时候，人们就不容易被别人的观点裹挟，而会更有主见。

比如，你是一个研究者或科研人员，那么在社会网里更适合你的位置可能是研究员、科学家或研发团队的领导者。这些位置对你而言，甚至可能比公司高管更重要，也更能为你带来人生意义和个人价值感。即使周围的人都认为成为高管很风光，但只要你对自己有了解，就会坚信“成为科研工作者是更适合我的路”。

在和别人自然地发展关系的过程中，我们既能了解别人，也理解自己，并且还能发展出同理心、共情能力、换位思考能力。以这些认知和能力为基础，就能逐渐把通过社交获得的社会资源用于个人的发展。社会资源的作用不仅仅体现在工作方面，更多的是让我们通过了解别人的经历，接触更多观点，增加新知识的输入，开阔自己的眼界；同时，人和人之间的良好互动也会成为情绪稳定的后盾。人际关系发展过程必然带来更多的发展机会。

这时，个人的影响力就开始逐渐显现。

第一章曾提及，人到中年时的一个很重要的人生课题是繁衍与停滞。其中，一个很容易衡量的指标就是影响力。

一个人的影响力，可以简单地被理解为，有多少人能听见他说的话，以及有多少人会听从他的话或思考他提出的观点。影响力和权力不一样。一个人可以没有权力，但是如果有影响力，他的话就有分量，就会有很多人愿意追随他，听取他的建议。

在回答什么样的人会成为有影响力的人，成为领导者之前，首先要回答上一个问题：在社会中，到底哪个位置更适合我？

做领导者就要具备领导者应有的技能，做普通的一线员工也需要具备做一线工作所需的技能，很多时候二者并不一致。因此，并不是只有成为高管的人才是成功的，最重要的是知道自己到底喜欢做什么、适合做什么。同时，人们也会对到底什么样的人可以有更多追随者感兴趣。

回到上文中米西的例子。米西在上小学之后，每年都会回到研究中心参加夏令营。米西非常自然地成为各种小团体的中心，不管是篮球课上的临时队长，还是即兴唱歌时的领唱，她总会很自然地吸引追随者，并且大家都是很自然地和她协作。米西在7岁时就已经开始拥有影响力了。

有影响力的人通常具有以下几种特点。

第一，能处理自己的情绪，体察别人的情绪，并且可以在调节情绪后找到事情的解决方法。

第二，对其他人感兴趣，并且并非出于个人利益，而是真正对其他人感兴趣，能整合团队，充分发挥每个人的作用，也就是常说的知人善用。这样的领导者不仅能真正了解每个团队成员的优点和缺点，也知道怎样帮助团队成员发挥长处，避免其短处成为整个团队的障碍；同时，因为对他人感兴趣且真正关注他人，所以他们可以在和他人协作的过程中，根据不同人的特点帮助他们进行个人发展。这样的人很快就会成为团队的核心，即使不是职位最高的人，他也一定是说话最有分量的人。

一个人要建立自己的影响力，很重要的一点是，和周围人建立关系。这种关系应该是真实的人和人之间的关系，而不仅仅是利益关系。利益和权力可以带来服从，但是影响力只能建立在真实的关注和共情的基础上，是一种利益关系和比等级关系更深刻的人际互动。一个人能否建立影响力，取决于一个人是否拥有上述能力，以及他能否和周围的人有深刻的互动和共同的经历。

综上，在进行人脉管理时，首先要和对方玩到一起，玩到一起是建立人脉的基础，意味着人与人之间有建立深厚关系的基础，有共同的经历或者曾经同舟共济。

有很多人在想建立亲密关系时会尝试相亲，但相亲的结果往往不尽如人意。其中很简单的一个原因就是缺少共同的经历，只是把亲密关系建立在条件交换的基础之上。

曾经有人问我，在相亲时遇到了觉得特别合适的女生或男生，应该如何和他进一步加深关系。真正能让两个人加深关系的只有共同的经历，看看《兄弟连》里的战友之情就能明白。

比如，目前有一种治愈亲密关系问题的疗法叫作荒野疗法。荒野疗法就是让夫妻二人跟着一个既是治疗师又是向导的人一起在荒野中生活一段时间，可能是几天，也可能是一周。在荒漠中，手机没有信号，和现实世界失去联系，夫妻二人只有彼此；同时在荒漠中，也会面临很多生存问题，甚至被野兽袭击，等等。

这一过程可以让彼此看到对方的恐惧，从而互相支持，相互依靠。双方会逐渐打开心理防线。这就很像战友情谊，夫妻二人一起经历过这些事情后，就能真正恢复互相理解、互相尊重、互相支持的状态。

建立人脉的一个基础是共同的经历。共同的经历也包括过往生活中相同的经历，比如你是一个创业者，你在异国他乡偶遇一人，攀谈之下发现彼此都是创业者，都经历过一些很痛苦的时刻，都经历过孤独感，你们对此都深有体会，这样的共鸣就可以拉近你们的距离。所以，如果两个人之间没有共同的经历，那么熟人就很难真正成为人脉，而只会是通信录中的某人。

关系的建立往往有赖于共同的信任合作和互相支持。信任，来自于可预测性和可重复性，“每次我找你你都在”或“我失败你不会指责我”，慢慢地人与人之间就会产生信任。支持，则来自于互相的深度理解。

在实际生活中，很多人都会说“道理我都懂，就是做不到”，这是为什么？因为从知道一个道理，到将之转化为行动，这中间还有很多道坎。这些坎其实来自于过往的经历或过往的关系留下的阴影、教训和经验。

“一朝被蛇咬十年怕井绳”，如果曾经有一些不好的经历，可能在重新建立人际关系时就会对对方有想象和预期，这些预设会阻碍真正的了解，会让人会先入为主。比如，我觉得所有人最后都会离开我，那么我可能就不会在对方身上花费太多精力，而这一点反而真的导致别人离开我；再比如，我觉得人与人都在互相利用，我可能就会为了体现自己的价值，诱导别人利用我以便建立关系。

这些假设就是关系模板。这些关系模板会影响人们建立人脉的方式。了解自己的关系模式，需要认识自己。实际上，真正的人脉必然和实际的能力、生活状态一致。很多人在提升自己之后，周围的人自然也就换了。如果发现周围的人都不如自己，这时要考虑有没有可能是自己的问题。因为有的人只有当身边都是不如自己的人时，才能觉得自己有力量。如果一个人一直需要别人给予肯定，身边自然会需要一大堆不如自己的人。

但是一直处在这种环境里，对自己的发展完全没有好处，这种环境会使人故步自封，觉得没有比自己更厉害的人。要突破这一点，就要看到自己在建立人际关系时的一些障碍。比如，有的人可能喜欢对比，可能喜欢控制别人，可能好强，可能自卑，这些都会影响关系模板。

所以如果想建立良性的人脉关系，给自己带来真正的提升，要做的第一件事情就是认识自己。在此情况之下，不难发现，一个人的人脉管理其实和自我管理一样。所以，如果想管理好人脉，就要从重新认识自己开始。

2.5

价值管理：如何提升工作中的自我价值

很多时候，那些内心没有自我的人，其实往往有很优秀的背景和经历，都能将很多事情做得很完美，只是这些事情并不能带给他们存在感，所以他们才会在很多的时候不知道自己喜欢什么，觉得活着很没有意义。

能否从正在做的事情里找到自己的存在感，对心理健康是非常重要的。

存在感首先表现为一个人能确认自己的存在。有时候人们觉得自己没有存在感，或者存在感低，指的就是没有人在意自己，甚至有时自己都会不自觉地忽视自己。从心理学的层面来讲，一个人之所以能确认自己的存在，是因为能确认自己可以被其他人感知，并且可以感受别人的反应，看到别人的眼里有自己。这种存在感的确认方式来自于生命早期。照顾孩子的人能确认孩子的需求和感受并给予回应，于是孩子就能确认自己和他人的存在。如果孩子大喊大叫都没有人理，或者表达的任何感受都被说是错的，久而久之就会产生自我怀疑、自我压抑。更有甚者，就会变得唯唯诺诺，没有自我。

当一个人能确认自己的存在，就能感到自己拥有力量感，也就是感到自己可以推动一些事情，可以通过与周围那些会回应自己的人协作完成一些任务。这就是上文提及的“我能做什么，我能做多少”的心理发展阶段。在能够认知并且使用自己拥有的能力做事情后，就会慢慢看到自己做的事情对周围世界的影响以及周围世界的反馈，人们会因此感到自己的存在。这就是存在感。

存在感和意义感是所有人都渴望获得的，对心理和精神而言是极其重要的养分。缺少二者，心理就会饥饿。人总是希望能在世界上留下更多的痕迹。

人是追求意义的生物，而意义是对自己做的事情的理解。这种理解包含三方面的含义。

第一方面，是否对所做的事情有深刻的理解，是否思考过自己做这件事情的目的。比如，对于需要长期重复的事情，是把它当作最终结果，还是一个达到目标的过程；是在穷忙，还是在有意识地做准备。

第二方面，这种理解和这个目的是否能带来正向的价值感。

第三方面，这种理解和这个目的是否能使人产生一种自己从属于某一个大于自身的事物的感觉。

当体会到存在的意义时，人们才会感到自己的存在是有价值的。因此，要不断尝试觉察工作中的真实感受。

这份工作是让你更加肯定自己，对自己的感觉更好，还是让你觉得被掏空了？你对这份工作的意义有着深刻的理解，还是觉得目前的工作毫无意义，甚至和你的价值观相违背？工作中的哪些部分是即使没有报酬你也愿意做的？

这些即使没有报酬你也愿意做的部分，就是可以为你带来存在感和意义的部分，就是超出物质报酬的部分。这也就是很多人会在很多不产生经济收益的事情上投入业余时间的原因。经济收益不是生活的全部，当做的事情有意义的时候，人才有可能感受自己的存在，觉察自己生命的意义。这才是工作的真正的意义。

如果工作不能带来存在感和价值感，不能在物质和精神层面都带来滋养，这份工作就会掏空人们的内在，让人们陷入枯竭、疑惑、失望，长此以往，人们连自己的精神补给都难以为继，更不要说繁衍和延续了。

通过对存在感和价值感的分析，可以用四分法把目前的工作分为以下四种。

第一种，这份工作能带来存在感，但是无法让人感到有意义。

第二种，这份工作很有意义，但是工作的过程无法让人感受自己的存在。

第三种，这份工作既没有带来存在感，更没让人感到有任何意义。

第四种，这份工作既带来存在感，也让人生更有意义。

对号入座，你目前的工作属于这四种里的哪一种？你觉得你有些什么力所能及的事情能帮助你把工作时间和业余时间结合起来，让你慢慢找到存在感和意义感？

存在感是一种充实的感觉，一种“我很有力量”的感觉。看到自己对周围的人和世界产生的影响，看到周围的人和世界的正向反馈，会让人逐渐稳固自己的存在感，并且进一步感受自己的力量。在这一基础上，如果对自己从事的事情有进一步的理解，并且看到其背后更宏大的目标，就会产生意义感。

比如，一个人如果只是每天在流水线上做着重复的工作，其心智就容易日渐麻木，但是如果他从事这份工作是为了更宏大的目标，就会产生意义感，这份工作对他而言就不再只是日常重复劳动。

意义感让人们体会到自己做的事情超出了日常琐事的范畴，从而在精神上给予人们外在的滋养。

中国有一句古话，“授人以鱼，不如授之以渔”，意思就是给别人鱼肉吃，不如教别人怎么捕鱼。希望本章的内容使大家的逻辑升级产生一些想法和观念上面的转变，让你逐渐重新找到工作和业余生活的本质，让其服务于自己，让自己的人生更有存在感和意义。

很多时候人们并不一定能过找到一个完全符合个人生存意义的工作，没有关系，只要能找到可以带来意义感的其他事情即可。

其实除了工作，还有很多业余时间，在这些时间里能否找到一个给自己满足感又有意义的事情，对心理健康是非常重要的。

第三章

人际关系

3.1

依恋循环：原生家庭如何影响你的人格发展

在咨询的过程中，很多人都会担心别人怎么看待自己，觉得自己不好，觉得很多事情不应该做。但是如果进一步和他们深入探讨就会发现，很多时候真正影响对事情甚至对自己的看法的人，来来去去就是身边的几个人。

因为实际上真正影响自己的人往往都是最亲近的人。这种亲近既包括了物理层面的亲近，也包括心理层面的亲近。

在成长的过程中，家庭环境和家庭关系会奠定人格和性格发展的底色并影响整个发展过程。亲密关系是对原生家庭的延续，却又是突破原有模式、获得新的成长的契机。因为每个人又是各自孩子的原生家庭的缔造者，所以这些模式也会传承给各自的孩子。

本节会介绍一个稍微复杂一些的心理模型——依恋循环，并分析在 20 ～ 40 岁的阶段家庭关系的现状及其影响，以及怎样找到发展的契机。

首先，了解依恋循环如何影响行为模式。

在理解一个人的性格、人际交往方式、思维方式等方面的形成过程时，需要综合考虑两方面，一方面是外在环境，另一方面是他们如何在内在心理发展的过程中理解、消化自己的经历。

每个人的经验组织形式都有各自的特点，所以对待同一件事情，不同的人会有不同的反应。所谓的经验组织形式，简单来说就是“怎么理解发生在我身上的事情”。比如，对于“第二次高考失败”“第二次创业失败”“第二次失恋”，有的人认为自己是“厚积薄发、大器晚成”，而有的人则会认为“事不过三，再失败人生就完了”，如果是后者，在经历两次失败后，内心就会很焦虑，因为情况已经接近他认为自己要彻底完蛋的底线了。但是如果一个人相信自己大器晚成，就会相对平静地安排自己的第三次高考、第三次创业、第三次恋爱。

这些不同的反应就是经验组织模式，将之内化在心里，就形成了解释自己经历和行为的模板。这一模板会在很大程度上决定人们对人生的看法和幸福感。这一模板是怎么形成的？为什么有的人可以越战越勇，有的人不堪一击？这就与依恋循环有关。

依恋循环是依恋治疗师弗里曼博士提出的临床模型，这一模型可以很直观地描述一个人从小到大的日常生活如何影响其经验组织形式，包括遇到压力时的感受、归因、处理；会觉得周围环境有恶意，还是觉得自己可以获得帮助也值得被帮助；会退缩还是会冲动行事。这些经验和经历日积月累就形成了稳定的人格和性格。

依恋循环模型包括四个步骤：需求—表达—满足 / 不满足—心理结果。

在第三步中，如果需求被满足了，就会感到这个世界是安全的，自己会被看见、听见，需求会被满足，知道自己的这一需求是正当的。在这一循环基础上日积月累，就可以建立起基础的信任感和安全感，以及自尊、自信和价值感。

如果需求在表达出来后没有被满足，人往往会有两种反应，一种是生气、愤怒，另一种是抑郁，这也会导致不同的心理结果。

这一循环是一个人心理基石中最小单元，人们会在这个基础上处理外界传递的信息，形成基本人格和性格以及行为模式。

接下来，学习如何利用依恋循环这个模型重新梳理自己的经历。

第一步，需求。

一个人在出生时，在生理上至少有三种需求，分别是食物、接触和运动。食物需求很好理解，那怎么理解接触需求呢？在18世纪时，罗马帝国的君主腓特烈二世想知道人类是否有“原始语言”。他为了证明自己的设想，找来一群失去父母的婴儿并安排保姆看护哺育，而保姆只负责这些婴儿的温饱，不与婴儿有其他的接触、温存或游戏，也不能说一句话。但他没有得到实验结果，因为几乎所有的婴儿都死去了。从这个故事中可以知道，如果婴儿得不到身体接触，对他们来说是有致命性伤害的。

再比如，此前曾有报道，一对早产的双胞胎，弟弟的心脏功能不是很健全，在保育箱里时哥哥搂住了弟弟，这时弟弟的心跳就会慢慢平稳下来。还有一位老人家，退休后的工作就是在保育室里拥抱那些因为出生时身体状况异常而不得不离开父母、靠机器和保育箱维持生命的新生儿。这些新生儿在得到拥抱后存活率有了显著提高。在临床咨询中，有很多抑郁的来访者，很久都没有与人进行过身体接触，在亲密关系中也会面对一些困难，这时咨询师往往会先建议他们做个按摩。肌肉的放松可以让他们的神经系统的反应缓和下来，调节情绪。

第三个需求是运动。如果一直保持一个姿势不动，肯定会觉得不舒服。人们的身体有舒展的需求。

和这三个生理上的需求相对应，心理层面上也会有三个类似的需求。

第一个，爱的需求。心理也需要吃饭，也需要精神食粮和心理滋养。从上文的腓特烈二世的故事可以看出，婴儿不是只要有食物就可以存活，他们还需要别人的关注，需要别人了解自己的需求。无论是在神经科学还是心理学层面上，这一现象都可以找到很多理论和临床研究上的证据。

第二个，联结的需求，对应身体层面接触的需求。人们在心理层面上需要另外一个人愿意跟自己产生联结，比如，妈妈愿意看着自己，周围的人愿意聆听自己说话，朋友愿意了解自己。

第三个，情感流动的需求，对应身体层面运动的需求。在心理层面上，仅仅有人看着自己、听自己说话也还是不够，人们还需要有情感的流动。人们需要表达和被聆听，也需要别人对自己的理解和反应，需要和其他人存在感情的流动和融合。情感的流动是否通畅、流动的方式是海啸洪水还是死水一塘，是值得思考的。

以上就是生理和心理上的六个基本需求。当这六个需求可以被理解、被感知并被满足时，个人基本上就可以健康发展。完全孤独的状态，会对个人的心理健康有很大的影响，使心理上和精神上的能量很容易枯竭。

很多人在了解自己的需求和提出需求之间存在很大的阻碍，不知如何理解自己的需求以及在评判自己的需求时都受过什么影响。比如，是否觉得自己的需求是正当的？

当想和自己的伴侣说“希望我们的关系可以变得更亲近一点，想找回过去的激情”时，伴侣的反应可能是“你怎么这么烦，跟小女孩谈恋爱一样，老夫老妻了，我看我的电视，你照顾好娃就好了，你要求也太多了”。

这时，有的人可能觉得伴侣说得也有道理，是自己要求太多。希望在学习依恋循环后你可以明白这是一种心理扭曲。回看六个基本需求，会发现其实希望两个人之间有一定的情感流动是一种很正常的需求，这是一段健康的关系必备的，也是双方心理健康所需的营养。

为什么有的人反而会觉得伴侣说得有道理，是自己不对？为什么在表达时就放弃自己的立场，甚至开始批判自己？为什么会发生这种心理扭曲？

这源自一个人在童年时和父母的互动关系及其父母之间的互动关系。他们的父母本来就缺少情感的流动，或者他们小时候想让爸爸陪自己玩，想让妈妈陪自己读书时，他们的父母会说“你要求太多了”。

如果在小时候习惯了自己的需求被拒绝，长大之后自然也不会觉得自己的要求应该被满足，也不会认为伴侣不满足这些要求是伴侣的错。心理扭曲这个词听起来很可怕，其实在微观层面上很好理解。可以理解为本来应该飞去 A 地的飞机，被导航误导而飞到了 B 地，而且这样的误导发生了很多次，最后虽然觉得 B 地看起来不像 A 地，但是也就压抑了自己的疑惑接受了现实。比如，孩子在长身体的时候往往很容易饥饿，很自然地找大人要食物。但是很多时候大人嫌麻烦而不想做饭，可能就会说“你这孩子真馋，是不是饿死鬼投胎”。听到这些话之后孩子就会觉得很羞愧，觉得自己饥饿是不对的，久而久之，饥饿这种很自然的需求就会被扭曲为馋、“饿死鬼投胎”、坏孩子，孩子就不敢再喊“饿”了。

每个人在需求层面都会有一定程度的心理扭曲，这一点并不可怕，只要一步一步把这些过去搭错的线重新理清楚即可。要建立一个健康的循环，第一步就要先从需求开始，学会接受自己的需求。

第二步，表达需求。

首先，要知道表达需求是必要的。因为需求只有被表达了，别人才会知道。

这时有很多人就会说："可是我很希望，什么都不用说，他就能明白我。难道不是只有这样才能被称为真正的友情、爱情吗？"

这不是成年人的爱，是一种"婴儿式的爱"。婴儿出生后的六个月内，几乎只能哭或挥动小手小脚。妈妈通过这些行为分辨出婴儿是渴了、饿了还是排便了。拥有"婴儿式的爱"这种想法，或许是因为在那个阶段有过过于良好的互动，以至于认为自己不需要长大。如果你被照顾得太好了，根本就没必要照顾别人的情绪，因为"就算我大吵大闹，别人都会对我好，那我何必那么忙，何必去管束自己的情绪，何必去照顾别人的感受"。

不管是被照顾得太好了，还是没有被这样照顾过，每个人的内心都或多或少对这个阶段有所要求，渴望能够重温这个阶段。

比如，一个女生觉得自己已经暗示男友多次自己喜欢那条项链了，为什么他在情人节却没有送给自己？但是对于男生来说，他可能会觉得你只是喜欢所有漂亮的东西，你经常会说这个好看那个也好看，他根本就不知道你是在表达“我想要”。

再比如，我想和你去看电影，但是我先找理由数落你一顿，让你觉得亏欠我，你就会陪我看电影了。这就可能是因为小时候的一些经历，让我有一个潜意识的观点：只有当一个人亏欠我时，他才会心甘情愿对我好。

很多人在表达需求时都存在问题，要么是不表达、让别人猜，要么是加一些内心戏，以扭曲的方式让别人主动满足自己的需求。因为很多人觉得如果自己直接、主动表达需求，自己好像是在乞讨，或者是把主动权交给别人，他们很害怕被拒绝，被拒绝之后会很羞愧、很难受，所以干脆以后就不再提任何需求，甚至根本不承认自己有需求。

反思一下，自己是否有过很多扭曲的表达，在今后，是不是可以试着诚实、直接地表达自己的需求？

如果可以有意识地表达自己的需求，就会进入如何应对别人的回应这一阶段。

为什么有些人总说溺爱一个孩子会毁掉他？从依恋循环的角度看，孩子的不恰当的需求一旦被满足，他就会认为自己的需求是对的。所以他就会继续这一方式。有时别人觉得自己已经一直退让了，他还继续得寸进尺。其实并不是他有意气别人，而是由于别人之前对他的满足让他认为自己是可以一直“要”下去的。

如果一个人表达了正当的需求，并且得到了合理回应，他内心就会建立一个很好的依恋循环。如果你每次提出的需求都会被回应，在情感的流动中，你的需求会被不同程度地满足，渐渐地你就会对周围的环境产生信任感和安全感。信任感和安全感是建立在反复可获得性上的，就是“你喊 10 次妈妈，有 8 次她都回应你”了，你就会逐渐相信“你自己会喊，她会听见”。慢慢地，你就会产生基础信任感和基础的安全感，进而把这种对周围环境的信任感和安全感，内化为对自己的信任感和安全感。建立了这种内在自信和安全感的人会相信自己是好的，因为周围的环境会回应自己，同时自己也会相信自己，只要努力表达、沟通，就能获得回应。这样就会逐渐建立起良好的自尊，在日后遇到困难时就有了抓手。信念和好用的工具就是心理上的“第一桶金”。

所以，当人们重新建立了良性的依恋循环，就可以自然而然地重新获得人格和心理上的发展。

需求不能被满足的时候，往往会产生愤怒、抑郁、成瘾等后果。有的人可能会生气。生气其实是一种升级的表达，对方也会做出一些更升级的反应，如果在这一过程中双方可以磨合出新的交往方式，就可以重新回到良性循环。当然，这一过程也可能修改需求，比如，孩子要买10条裙子，父母说“不行，但是可以每年在生日的时候买一套你喜欢的新裙子和鞋子”。

需求没有被满足的另一种结果就是陷入抑郁。严重的抑郁就相当于将内心和社会环境之间的交往切断，外界的滋养进不来，内心的情绪也出不去。将自己封闭起来也就没有资源可以被用来调节对自己的感觉。抑郁会让人觉得自己是不好的、不对的，或者自己提什么需求都不会被满足，没人可以理解自己。在这种情况下，人们就会感觉自己很糟糕，在一个恶性的依恋循环里建立比较消极的自尊。

需求没有被满足而陷入成瘾的情况，会在后续内容中进行专门深入探讨。

依恋循环一旦形成，日常生活中的每件事都将以此为基本单元循环往复，这其实就是一种原生家庭对人们的思维、情绪、心理过程的遗传性影响。

如果仔细检查循环上的每一个环节，就可以了解自己的感受、情绪、想法和观点是怎么建立起来的，或者其中某一部分是如何被扭曲的。

试着放松自己，然后回忆在过去生活中，尤其是 12 岁前，一些让自己印象深刻的事件，包括带来的负面情绪，也包括带来力量感和快乐的事情。去看看那些挥之不去的情绪，也看看那些让自己更有力量感的经历，尝试把它们写下来。这一过程可以让你慢慢重建自尊和良好的依恋循环。

最后，我要强调一点，成熟的情感互动是，一个人可以表达自己的需求，同时也允许别人拒绝自己的需求；在别人拒绝自己时，他能同时考虑自己的需求和对方的难处，不会把一件事情上升到对一个人也包括自己的否定，这也是一个人自尊稳定的表现。

3.2

CCRT 工具：如何发现自己的核心关系模式

本节要用到一种方法模型，叫作 CCRT 核心关系冲突主题（Core Conflictual Relationships Theme）。通过这个模型可以看到人际关系中发生冲突和困难的核心问题。在日常的人际关系中，无论是和朋友、同事、长辈之间的问题，还是和伴侣、孩子之间的问题，表面上看起来都是由各种各样不同的琐事引发的，但是如果深入了解这些琐事背后的真实诉求，就会发现其实总有几个核心主题。

比如，你在恋爱时感到对方不适合自己，但是你觉得自己不能提出分手，因为对方没有过错。直到对方先提出分手，你才能松一口气，觉得自己没有对不起对方，因为对方先提出分手让你心安理得。在工作上，你可能总是认为自己的付出一定要多于得到的报酬，所以你总是加班到很晚。这两件事情看起来风马牛不相及，可是如果分析背后的动机，二者至少有一个共同点：假如要追究责任，我一定不能是过错方。虽然我觉得我们不合适，但是对方没有过错，如果我提分手了，我就是坏人，所以我不能提出分手，我要等对方主动提出分手；虽然我的工作都做完了，而且工资也不是那么多，但是万一事情的结果不好，那么追究起来，我已经天天加班了，而且拿那么少的工资，别人就不好意思追究我的责任了。在任何关系中，“我不能是过错方”这个内在的核心诉求会驱使你做出相应的选择。核心冲突主题比较隐蔽的时候，就容易造成行为和想法互相矛盾。

处理好这一问题可以让人少走一些弯路。比如，当你想和老公去看电影的时候，可以直接告诉他，然后商量时间，高高兴兴地一起去看，而不必觉得只有在对方感觉亏欠你时才会心甘情愿陪你去，所以闹出一些事情让对方心里过意不去才以看电影补偿你。

本节将帮助你找到自己的核心诉求。

第一部分：CCRT是什么？

CCRT是“核心关系冲突主题”的简称。用CCRT这一模型探索内在模型，有助于把人生剧本的基调看得更清楚。

所谓的“主题”，强调的是不同的人际关系冲突中的问题具有的共同之处，其会在过去和当前的各种关系中重复出现。

举个例子，小马总是受到不公平对待。她谈到她从小到大几乎所有的闺密都背叛了她，而且很明显都是想占她便宜，拿她的钱、手表、手机，找理由拿走她的衣服，甚至是抄袭她的工作创意或者抢她的工作机会。这种事发生一两次可以说是遇人不淑，但如果一直重复，很可能就说明小马与人交往的方式有问题。小马在交往新的闺密时，会无意识地给对方各种占自己便宜的机会，借此试探对方是否会照顾自己，会不会像别人一样背叛自己。但这很明显会造成一个问题——如果对方是一个有界限的人，她会感到和小马相处的压力很大，因为小马“无条件提供了太多”，不接受怕小马不舒服，接受又觉得不合情理；如果对方本来就是一个爱占便宜的人，当小马这么做的时候，对方就觉得是你情我愿，不存在占便宜的问题，反而会觉得是小马出尔反尔，因为明明在交往的初期，这些行为都是小马认可的。

其实这也跟心理基因有关系。上文提及的依恋循环，反映了一个人在外在环境和内在心理发展的过程中是如何理解和消化自己的经历的，比如面对失败，是感到羞耻还是越挫越勇；被人开玩笑，是感觉自尊受到伤害还是不在乎。

通过上述解释，可以知道“主题”其实就是一个人在不同人际关系矛盾中都会出现的相似问题、相似的诉求。

再来看一下“核心关系”的含义。核心关系就是对一个人影响最大的关系。这一关系的原型一般都是和早期照顾者之间的关系。这一早期关系会以各种各样的变体出现在日后的其他重要关系中，比如伴侣关系、亲子关系等。

总体来说，核心关系的质量会影响一个人的方方面面，是否能达成工作目标，能赚多少钱，有多少可以信任的朋友，处于何种情绪，拥有何种思维方式，如何面对压力和失败，等等。

最后看一下“冲突”。

人际关系中的冲突，基本上反映了一个人在关系中的愿望和实际体验之间的差异，有时候也包括在与他人的关系中，意识中的愿望与潜意识中寻求的内容之间的互相矛盾。比如，上文提及的小马，明明不想遭到背叛，却一次次给他人背叛自己的机会，一次次设局让别人背叛自己。

通过CCRT的分析，我希望大家可以有以下两点收获。

第一，在关系中，看清并正确地表露自己真实的愿望，做出合理的调整，最终在关系中满足自己的愿望。

第二，努力修正自己对他人反应的预期，看到自己的诉求，也看到自己固有的思维方式和他人过往的反应，以对自己的模式拥有完整的理解。

CCRT 可以防止人们总是掉入相同的人际关系冲突主题中而不自知，逐渐为自己与他人的关系创造新的经验。简单来说，CCRT 可以让人们重新选择一个新的故事替换潜意识里的旧的故事，重新理解周围发生的事情。

第二部分：如何运用 CCRT 识别内心的剧情？

想要不重复人际关系中的冲突，重点就是要找到“主题”，找出潜意识里的剧情，然后走出来。

从提高分析准确度的角度来说，临床的 CCRT 心理咨询工作中，一般需要对 5 ～ 7 个类似的日常冲突场景进行分析，然后从中确认当事人主要的愿望、他人的反应和自己的感受。

想象一下你正在做一件平时不经常做的事情。比如，你想吃一个冰激凌，这时你的脑海里可能会出现一些声音。你试着去听听这些声音在说什么。它们或许会说“不能吃，你会长胖，会被嫌弃，你为什么这么没有自制力”，或者说“都多大的人了，还想吃冰激凌”。然后你再感觉一下这个声音是谁的。比如，这个声音可能属于你的伴侣、领导、父母，或许这个声音只是来自他们的一个眼神，而你从他们的眼神里读到了这些否定的信息；这个声音也可能是你自己的，那么你可以回想一下对自己说这些话的时候，你感觉自己像谁。

关于对他人的反应预期，你可以这样想：如果你坚持要吃，会发生什么？

关于你自己的感受，你同样可以在这个场景下通过想象体验结果——不管你是否吃冰激凌，面对结果，你是难过、恼火，还是紧张、失望。

正如上文所述，过往的经验会在人们的脑海里种下一些信念，这些信念会变成脑海里挑剔自己、指责自己的严苛的声音。

觉察了这些声音的来源后，你就会知道自己内心都有哪些限制。而最开始把这些限制性信念种在心里，让你觉得自己这不行那不行的人，就是你核心关系里的另外一方，他们是你内心戏的演员。

比如，你要演一个《灰姑娘》的内心戏，当你要演灰姑娘的时候，在这个故事的核心里，你自己就必须是一个被埋没、被虐待、被周围的恶势力压制的人。这个恶势力的现实原型可能会被你对应为某个让你受到不公平对待的人。例如，你的同事让你帮她做了一个销售方案，然后拿着你的劳动成果向老板邀功。因为你没有署名，所以老板以为是你同事做的，结果老板表扬了你同事，你很委屈，你的功劳“如你所愿”地被抢了。

但是后来灰姑娘的好运降临了，她穿上了水晶鞋并嫁给了王子。在这个例子中，对应的剧情是老板发现了这件事情，终于发现了你这个人才，提拔了你，这个时候你就成了职场版的灰姑娘。

如果你不打算扮演灰姑娘，在上例中你可以一开始就和同事商量好一起做这个项目，按照各自的贡献分成，这样你就能直接发挥自己的作用，得到相应的认可和报酬，而不必绕那么大的圈子，给自己加那么多戏。

找出这个故事并不难。这里有三种简单的方法可以被用来识别自己的内心戏。

第一种方法是“童话故事记忆法”。

回想一下，你还记得小时候看的哪一个童话故事。或许你只能记得几个片段，没有关系，把这些片段写下来。这些故事片段之所以让你印象深刻，是因为当时你的感受和主人公非常相似。这些片段能代表你的一些核心感受。

事实上，小时候听的很多故事会一直在你的内心深处，在有机会的时候，你就会找一些人帮你演完这场戏。

比如，在小时候读的童话故事里，你记住的片段是美人鱼的故事《海的女儿》，而这个故事的核心是得不到的爱和自我的消亡。

如果《海的女儿》这个故事恰好是你在关系里面的核心剧本，那么当一份平稳的关系和一个可靠的人出现在你生命中的时候，你要么不被吸引，要么在交往时做出一些事情从而体会相爱相杀。否则，你就会觉得太平淡，总会觉得缺了点什么。这种"戏没有演完的感觉"就来自这些小时候种在脑海里的故事。

在情感、感受、人际关系中，大脑遵循的不是数理逻辑，而是故事逻辑，是按照事情的起因、经过、结果的发展顺序理解一件事情的。如果给你讲个故事：小明接到一个电话，然后冲出了家门。故事到此戛然而止，你的第一个反应是"这个故事没有完啊，你继续说呀"。因为我们是按照故事逻辑理解事情的，所以你会觉得故事还没有结束。

故事是很有力量的，会在潜意识里指导人的理解。

比如，有的人小时候经历很多困难，那么《灰姑娘》的故事就能给他们很多力量，让他们相信眼前的困难、悲惨的境遇都是暂时的，只要坚持，总会有好转的一天。因为小时候没有太多的力量，所以依靠内心的想象来渡过难关是很正常的应对方式。但长大之后，境况已经发生改变，可是他们在潜意识里还是很害怕自己的弱小，并没有意识到自己已经更强大了，于是他们可能还会无意识地继续做那个灰姑娘。这时该如何看待这件事呢？

你之所以重复这个故事剧本，是因为你希望能获取力量感。但你现在要反向思考，如果这个故事不能再给予你帮助，你要感谢这个故事曾经给予你的支持，并且让这个故事远去。因为现在的你需要一个新的故事。

识别自己内心戏的第二种方法是“电视剧角色参照法”。

你可以回忆一个你喜欢的电视剧，你认同剧中的哪个角色？你认同的不一定是男女主角，只要找到一个你觉得有共鸣的或你欣赏的角色即可。

你试着以这个人物为第一人称，写出他的品质、他在剧中的经历以及他的感觉。这个答案或多或少会是你内心的故事。

第三种方法是“故事创作法”。你可以凭感觉写出一个你喜欢的简单的小故事并审视这个故事的剧情。

有了这三种方法，你就可以开始寻找内心的剧情，然后再学会走出剧情，创造新的你喜欢的剧情了。

第三部分：如何用 CCRT 自我分析？

回顾找到的剧情，你可以回想小时候周围人对待你、回应你的方式，在你内心种下了怎样的剧情和概念，以及在这个剧情里，你最想解决的核心主题是什么。

比如，在《灰姑娘》的剧本里，灰姑娘需要的就是出人头地，被看见、被认可，但是她的表达方式是悄悄躲在家里勤劳工作，受尽折磨也不反抗，只会眼巴巴地看着姐姐们参加舞会，直到小仙女帮助她。

如果你深信这个剧本，你就会无意识地拼命让自己受苦，觉得自己只有受够了苦，才会有小仙女帮助自己。这就是内心的剧情在现实中的发酵。

这时候，就需要针对内心的剧情问自己以下五个问题。

问题一：在这一故事里，你的需求是什么？

问题二：你是如何表达这个需求的?

你也可能任劳任怨，从来没有表达过自己的需求。

问题三：外界是怎么回应你的需求的?

比如是否出现过会魔法的仙女，你是否想要一个救世主——赏识你的人。

问题四：你在关系层面取得的结果是什么?

比如，在你经受挫折后，和一个人相爱相杀后，或许你们都很想离开对方，但是又觉得离开会很痛苦。

问题五：你对这个结果的感受如何?

比如，灰姑娘对她的结果很满意。

找出这五个问题的答案之后，就可以知道自己从小到大的依恋模式怎样影响你的关系模式。

3.3

哈佛幸福课：伴侣关系和人格生机、终身发展

本节内容会延伸上一节提到的关系中的认知局限，进一步探索伴侣关系到底如何影响个人福祉。

正如上文所述，在人的发展阶段中，28 岁前后需要面对和回答的阶段性课题是“亲密与孤独”。建立亲密关系并不仅仅等于婚姻，但个人和伴侣之间的关系确实会影响彼此的终身发展。

上文用 CCRT 工具分析了人际关系模式里的核心冲突主题，介绍了自我的限制性观念和内在需求，CCRT 这一工具也让人们看到了自己的关系模式会如何限制关系的发展，如何导致自己对某类人特别感兴趣，

而对那些真正能为自己带来幸福关系的人视而不见。

有一次，一个朋友在和我聊天的时候说，他很苦恼一件事，自己总是很难拒绝别人，比如，别人找他借钱，他总是不好意思拒绝，即使在他自己创业资金周转不开的时候也如此。我问了他两个问题，第一个问题是，如果他不借会怎么样，第二个问题是，他自己怎么理解自己身边都是向他借钱的人这件事情。这两个问题把他难住了。他想了一下说，如果不借给别人钱，他会觉得自己没有能力。虽然他已经身家过亿，但是内在总是感觉自卑。因为自卑，他把自己的成功都归因于运气而没有从内心确认过自己是有能力的。所以，他总是通过借钱给别人让自己感到自己有能力。他也很难和同样成功的人做朋友，因为在内心里他觉得自己不配拥有现在的成功。于是，他就不自觉地在身边聚集很多依赖他的人。

这种潜意识里的限制性观念的形成和成长环境息息相关。有一个简单的方法可以帮助大家找到自己成长和发展中的限制性观念——听到"应该"这两个字的时候，就意味着潜意识里的限制性的观念要出现了。比如，我觉得我应该在 30 岁结婚，我觉得我应该有两个孩子，我觉得我的丈夫应该是一个比我高的人，她明明没有做错什么所以我不应该生气，等等。所有的"应该"都是在标记一个冲突。当一个"应该"出现的时候，就有一个“可是”被限制住了。所有的“应该”出现的时候，都是重新复盘自己的契机。比如，当我想吃冰激凌的时候，我可能会想，我应该选择更健康的食物。这就意味着自己内心有一个需求，但是这个需求和外界压力带来的限制性观念产生了冲突。

其实很多时候有一些“应该”是有促进作用的，并不完全是限制发展的。比如，应该在和其他人交往的时候顾及别人的感受，而不是以自己的喜好为前提。这些“应该”有助于更好地与人交往。但有些“应该”是以损耗或者压抑自己的合理需求为代价的，这些“应该”就会成为限制性观念。要试着观察自己日常的想法，从中找出限制性的条件。

既然限制性观念的根源在原生家庭里，那么本节就用心理学家的角度审视一下过往的成长环境，看看成长环境在亲密关系方面向你灌输了哪些“应该”。从依恋循环的角度可知，人们的很多关系模式其实来源于父母。父母怎么处理事情，他们怎样相处，他们怎样理解自己，以及他们怎样处理跟别人的关系，这些都是孩子从小到大耳濡目染、内化于心的精神食粮、精神营养。所以你可以尝试看一看你父母的人生画卷。

回忆一下你最近一次回家的时候家里的生活，你也可以在下一次回家的时候，花一两小时观察一下父母之间的互动，进而思考以下几个问题。

问题一：你父母的日常生活是怎样的？

你要观察他们平时都会做些什么。很多人觉得自己对此十分了解，但其实可能并不知道父母生活的细节。比如，现在可以回想一下，父母早上通常什么时候起床？他们起床之后做的第一件事情是什么？做完这件事情之后，他们又做了一些什么？

很多人其实并不知道父母的一天是如何度过的。你可能会发现，以前你觉得你母亲一直都是忙忙碌碌的，可是现在也许她看的剧比你看的还要多；或者你印象中母亲很少做家务，当你真正开始观察的时候才发现母亲每天做的事情就是收拾家。只要哪个地方乱了，她就会马上整理，如果你再深入感受一下，也许还能从中读到母亲的各种情绪。

日常生活也包括家庭氛围。有些家庭习惯在每天晚饭后一起读书，有些家庭习惯在晚饭后争执谁洗碗、谁看电视，还有些家庭家人从来不在一起吃饭，或者吃饭时从来不等晚归的人。这些日常生活场景，包括很多人的内心感受，都会构成内心关系的原型。从小就看到父母就吵吵闹闹，习惯了吵闹的说话方式的人，往往会在自己的婚姻里也对伴侣大声嚷嚷而不自知。

问题二：父母各自会有什么需求？

作为孩子，很多人从小就习惯于父母满足自己的需求，从来没有真正考虑过父母的需求。你可以借此机会看一看父母平时到底有什么需求。

问题三：父母之间通常怎样表达需求？

在了解父母的需求之后，再观察一下父母之间怎样表达各自的需求，是互相拌嘴，是心照不宣，还是从来不沟通。

问题四：父母之间的表达方式给你的感觉是什么？

问题五：你觉得父母之间的互动方式会给你的成长带来怎样的影响？

良好的伴侣关系是你得到真正的幸福和内心平静的重要因素，会影响你的一生，而伴侣关系和家庭关系的最初模板其实来自于父母。回答上述问题，就能了解父母传承了怎样的模板，这也就是你内心所认为的夫妻关系的样子。通过分析从小耳濡目染的伴侣关系、家庭关系的剧本，就可以看到这一剧本会怎样影响现在的婚姻生活。

父母的亲密关系模式能让你看清自己的亲密关系的起跑线在哪里。起跑线固然会对最终的成绩有一定影响，但是后续的长跑过程才是真正的决胜因素。我经常这样形容真爱：真爱不是你一眼就看上的人，真爱是“一起走过”“一起走到最后”的过程。

两个人的亲密关系也是有发展阶段的。这个发展阶段的起点就是双方在认识的时候各自的家庭影响和各自的人格成熟程度以及各自的阅历。在亲密关系的发展过程中，双方的特点会互相碰撞、互相激发。在互动和冲突解决的过程中，关系会进一步加深，而且双方也会促进对方的人格成熟和人格发展，互相成就。

有很多人认为婚礼是个终点，两个人自此就一辈子生活在一起了。事实并非如此。伴随着个人的人生发展，夫妻间的关系也有发展过程。比如，刚开始在一起时，女生也许抱着“找爹”的心理需求，男生抱着“找女儿”的心理需求，但随着自身的发展，各自对伴侣的需求会改变。在从丈夫身上得到了父亲般的照顾后，也许女生之前缺乏父爱的需求就可以得到弥补。在这个过程中，你可能慢慢从一个女孩变成一个成熟的女性，这时你内心自然就不再需要父亲的照料。只不过在这个例子里，长大的是内心的小女孩，所以如果这时男生仍然只是以照顾女儿的方式照顾女生，这段关系可能就无法继续满足女生的需求。反之也是如此。所以，随着双方各自的成长，亲密关系也要发生相应的转变。如果双方都能像跳舞一样，不断地适应对方又不放开对方的手，就能在流动中互相促进，一起成长。

在这一过程中，夫妻双方其实都会不断完善各自的人格。相应地，因为双方都发生了变化，夫妻之间的关系动力也会相应地发生改变。结婚后，事情并不会变得更简单，反而是在人格成熟标准里增加了新的维度，使双方的人格发展更多维、更立体。在婚姻里，双方既会在各自人格成熟的道路上继续前进，也会通过伴侣之间的互动进一步完善彼此的人格。所以，在夫妻关系里，如果可以找得到一个跟自己一样有不断前进的能力、有不断成熟的能力的人，就可能在亲密关系中找到发展的生机，并且使夫妻关系发展、彼此的人格发展变得更多维、更丰富。

3.4

关系发展：一元关系、共生关系与多元关系

本节综合上文所述的知识点，介绍一个更深入的概念：关系的进化。

关系的发展进化阶段有三个，分别是一元关系、共生关系（二元关系）与多元关系。

这三个阶段是心理人际关系或称客体关系、依恋关系的发展阶段。依恋关系的发展和人格的发展相辅相成，共同影响整个人生。人格的发展指自己对自己的认识的发展。依恋关系的发展阶段是和周围的人乃至周围的世界之间的关系的发展。“我们是谁”影响我们如何看待外界，而

和外界的互动又影响我们怎么看待自己。

人格发展经历的前几个阶段，分别是安全感和信任感的建立、自尊的建立、知晓自己能做什么和能做多少。相应地，这些阶段在依恋关系上的发展也会从一元关系到共生关系再到多元关系。

这三种关系模型的发生发展从出生开始一直持续到大概五六岁的时候。在正常情况下，每个人都会经历这三个阶段的全部过程。这三个阶段在心理学上都有对应的专有名词：一元关系对应的是婴儿全能感期，二元关系对应的是和母亲的共生期，多元关系对应心理学中的俄狄浦斯期[①]。

一元关系发生在婴儿刚出生的时候。由于受到大脑和神经系统发育的影响，这时婴儿对外界的感觉很模糊。比如，婴儿感觉到胃部不舒服，因为他还没有疼这个概念，他只能表达我很难受。这就是婴儿时期的原始的内心状态。

这种感觉之所以原始，是因为它只有刺激反应和解除反应。感到一个刺激，把它表达出来，然后刺激就会消失，婴儿就回到一个没有刺激的状态。这种感觉其实就是一种紧张—放松的循环状态。

---

① 即恋父恋母期。——编者注

这个时期被叫作一元关系，这时婴儿对于内在和外界的感知非常模糊。婴儿只有自己的感觉，而很难区分是自己的感觉还是外界对他产生的影响。你可以想象一下早上起床前半睡半醒的状态，你觉得腿特别麻、特别疼，像针刺的一样，你被这样的感觉刺激醒了。等你完全清醒后，你可能发现不是你的腿出了问题，而是晚上睡觉时压到了腿，于是你就会知道，这个疼痛是外界引起的，而不是半梦半醒时的单一感觉。婴儿期的原始精神状态就类似这种半梦半醒的状态。在这种状态下，想象和现实、内在和外界之间的区分是很模糊的。

这个阶段之所以也叫作婴儿全能感期，也正是源于内外区分的缺失。由于婴儿在这个时期还无法区分外界和自己，所以他会把一切都归因于自己，拥有一种我就是全世界，全世界就是我的感觉。

比如，他饿了就会哭，然后他发现“我哭一下，就不饿了”。所以，如果孩子在这个阶段时得到很好的照顾，他的心理感受就是“我很好，我什么都可以做得到，只要想得到，就能做得到”。

所以，婴儿全能感期，也就是一元关系期，是一个人建立原始的自尊、建立原始的安全感和信任感的时期。从心理发展的角度来说，父母应该尽量满足这个时期孩子的需求。

总体来说，一元关系是生命与世界最初的联结。这个时候，个体会发展出个体的全能感并由此开始产生原始的自尊和原始的自信，以及基础的安全感和信任。这些基本的心理发育会长远地影响后续的心理发展。

在后续的发展中，婴儿会慢慢意识到，原来世界上不是只有自己，自己的需求也需要由他人来满足。这个认识的产生就是二元共生阶段的开始。

该发展阶段的第一个关键点在于大脑和感觉系统开始进一步发育，婴儿可以有能力看得更清楚、感受更多，其大脑也开始可以整合看到的和感觉到的信息，并且利用这些信息形成对周围环境和事物的理解。这得益于大脑前额叶的发展。前额叶就是大脑的中央处理器，其发育有一个很重要的特征——语言的出现。

二元共生阶段的第二个关键点在于开始意识并体会到挫折。当婴儿的一些需求无法被及时满足时，比如他感觉冷了，妈妈过一会才会来给他盖小被子，他就会慢慢发现，原来不舒服的感觉的消失需要依赖其他人。

在一元关系里，婴儿感觉自己是全能的，有一种很正向的、有力量的感觉。当他意识到原来自己的生存需要依靠另外一个人，依赖于一种外在的力量时，他就会尽量靠近这股力量，想要全部拥有它，并且会崇拜这股力量，希望这股力量的来源，比如妈妈，永远属于自己、照顾自己。这个时候，如果孩子的母亲拥有良好养育能力，孩子就能感到自己的需求被妈妈看到，感到互动是非常良好的、安全的。

但是如果在这个阶段母婴之间的互动不是良性的，比如妈妈对自己无法理解孩子非常恐慌，或者无法安抚孩子的情绪而对自己产生怀疑，或者有产后抑郁，就会影响互动带给孩子的感受。因为从妈妈那里接收的都是过于强烈的情绪，孩子可能会关闭自己对外的感受通道，或者孩子会延续之前的自恋模式，把母亲视作自己的工具，而不是一个客体。这两种都不是共生关系，尤其第二种，属于心理掠夺的关系。

这个时期的发展虽然发生在生命非常早的时期，但是在一些成年人的身上仍然可以看到当时发展的痕迹。比如，我很想要一个我一个眼神对方就能懂我的灵魂伴侣，或者我希望什么都不说别人就能懂我，等等。这种需求就来自这一阶段的感受——渴求那个理想化的照顾者重新出现在生命里。所以小时候与父母相处的模式会影响人们以后的生活。

如果这个阶段的需求被过度满足，人们就无法进入共生阶段，而容易把周围的人给予的帮助当作理所当然，会物化别人，以自我为中心，无法共情或体会别人的感受，难以换位思考。有不少所谓低情商的行为就是基于这一原因。而如果这些需求没有被满足，就会执着于此，总希望重新得到这种关系。

弗洛伊德曾经说过，我们一生都在弥补童年时期的缺失。无论是被过度满足，还是完全不被满足，人都会产生一种需求和渴望，想要再找到一个能满足自己这个阶段需求的人。

从这个角度看，其实人们在有长久的记忆以前，和周围环境的互动已经奠定了后续的路。这些无意识的缺失和渴望会在暗地里影响人们的注意力，决定人们被什么特点吸引，从而在人们周围聚集起来具有这些特点人和事，形成人们的世界。这也就是为什么即使在同样的条件下，有的人总会遇到不顺心的事情，而有的人却总能发现机会。

那么人们又是怎么进入多元关系的呢？

在二元关系中，假设你顺利地从意识到自己不是全能的这个心理危机中走出来，和母亲建立起了一个共生的盟友关系，你就会重新感觉到安全，并且体会和另外一个人之间存在的亲密感，感到你们是如此和谐，完全地心意相通，觉得你们二人就是全世界。直到有一天，你突然意识到，原来有一个人叫“爸爸”，虽然他也会关心我对我好，但是他居然和我妈妈更亲密！

在成年人的关系里，有的人总是会害怕老公、女朋友跟别人在一起，或者在发现他跟家人的关系比跟自己还亲密的时候，感到非常恐惧，认为自己要被抛弃了，或者觉得对方不再在乎自己了。甚至在职场上，看到另外两个同事关系特别好，就会感到自己受到威胁，或者感到自己被孤立。所有的这些焦虑其实都源自小时候在多元关系阶段的经历。

在提及多元关系时，通常会提到俄狄浦斯情结这一概念。在心理咨询中要分析一个人的关系模式及其内心剧本时，俄狄浦斯情结通常需要被纳入考虑。

有的人会以为俄狄浦斯情结就是“杀死父亲，占有母亲”。以这一神话故事的原型解读这一概念的做法过于简单、粗暴，而且也和每个人的实际体现不一致。在理解俄狄浦斯情结时，不能单纯地从神话故事的角度出发，而要理解这个神话故事带来的感受和心理过程。

俄狄浦斯情结的核心是怎样开始处理三者关系，并且以三个人的关系为单元，建立起了一个基本的剧本，延伸到其他情境，将之变成处理跟很多人之间关系的蓝本。

如果之前的共生关系发展得好，在和照顾自己的人关系特别好的时候突然发现，原来他还有一个爱人，他们才是更紧密的团体。这个时候就是所谓的俄狄浦斯期的开始，我们也就进入了多元关系期。那么，怎么样才算是顺利度过这个时期呢？

妈妈可以跟孩子说："我跟你爸爸是夫妻，我们是在一起的，但是我有你爸爸并不代表我不要你，我跟爸爸会一起爱你。"

对于一个小孩来说，突然发现有一个竞争者，他害怕的其实是失去妈妈，如果妈妈坚定地表达出父母是一起互相扶持的，并不会因此就不要他，父母感情好非但不会使他失去妈妈，反而使他获得了双份的爱，小孩就会感到安全。也就是说，我们可以选择不陷入一个三角关系的权力游戏，这不是一段三角关系，不是一段需要争夺的关系。

如果孩子能和进入二元关系时一样，在进入多元关系后重获安全感，这个阶段就会顺利过去。接下来孩子就会进入潜伏期，潜伏期大概从进入小学开始。

在潜伏期，孩子开始把那些需要用来抓住母亲、与父亲竞争的能量很安全地放回到自己身上，借此发展自己，而不再担心生存问题和三角关系问题。

在这个过程中，如果父母本身关系不好，父母中的一方想拉拢你成为他的同盟，就会鼓励你更多地跟他在一起，更多地把精力放在讨好他的身上，而不是关注你自己的发展。在这种情况下，你可能就会被卷入三角关系，其关系的核心就会变成“我是一段双人关系中的第三者”。

如果这个阶段的发展不顺利，人们和他人建立亲密关系时就会遇到困难，而且更容易陷入人际关系的权力斗争中。比如，有人会利用出轨控制伴侣，或者用讨好建立人际关系，或者总是忍不住破坏别人的关系，自己总想成为人群的中心，等等。

这些现象既会出现在夫妻关系、亲子关系中，也会出现在同事、朋友关系中。不管是什么关系、什么剧情，你都可能发现它们和自己内心剧本中的那种权力争夺的游戏是一模一样的。

这个阶段问题的解药是重新发展出和别人建立关系的能力。很多多元关系中的权力游戏都是在消化一元、二元关系中没有处理完的问题。而当你能重新认识自己、理解你在意的人，并且重新建立自己的安全感和自尊时，你自然就可以从权力的游戏中解脱出来了。

借助这些心理学工具看清楚自己可能经历了什么、受到什么影响，在生活中建立持续的自我觉察的习惯，进一步厘清自我发展的脉络，我们才有可能走出糟糕的人生剧本，重获对人生的掌控。

3.5

镜映原理：如何从孩子身上洞察自己的人生

本节将分析亲子关系的问题。很多人听到亲子关系时，可能第一个反应都是自己跟孩子之间的关系。其实在中年阶段，亲子关系不仅仅是自己跟孩子之间的关系，此时很多时候需要面对的是以下三种关系。

第一种，和自己父母之间的关系。

第二种，已婚者要面对跟对方父母的关系。

第三种，和自己孩子之间的关系。

首先来看和自己父母之间的亲子关系。人们在 28 ～ 40 岁这个阶段，其和父母的亲子关系已经发生了很大的转变，这是很多人没有意识到的。

在 20 岁左右时，人们面临的问题很简单，父母在这个时候可能仍然非常健康，还在继续工作，他们在经济上和心理上处于刚刚开始离开家、离开父母、能够独立的阶段。这个阶段面临的问题是找到自己的伴侣，以及开始独立尝试不同的事情，逐渐走向人格的成熟和独立。

步入成年到中年的发展阶段，身上的担子就会越来越重，很多人年过三十就不敢再轻易辞职，因为他们在这个阶段要面对和承担很多事情，要平衡很多问题，要同时扮演很多角色。之前自己只有子女和学生的身份，现在同时是子女、伴侣、父母、社会人、职场人。而这个时候，蓦然回首，当要去处理和父母之间的亲子关系时，人们才发现很多事已经变了。

尤其是如果离家多年，你再回去看父母时会发现好像在自己离家的这些年里，父母的生活发生了翻天覆地的变化。这个阶段，大部分中年人的父母都已经退休，他们即将面对衰老甚至死亡问题。作为子女，当他们的衰老其实也是在提醒自己，你也会有这样的一天。很多人此时最恐惧的其实并不是跟父母的关系，而是看到父母现在的情况想到自己走到这个人生阶段的时候应该怎么办，自己应该怎么面对衰老和死亡。

这个阶段面临的另一个问题是和父母之间新的边界问题。子女独立之前的生活和父母的生活融为一体，需要父母的支持，父母也习惯了掌控子女的生活。但中年人已经成为独立的个体，他们也慢慢发现父母除了父母的角色外也有其他角色，也有不扮演父母角色的时候。这时候如果父母无法拥有其他身份，而仍然需要一个孩子，或者你不愿意独立，仍然希望当一个孩子，中年期的亲子关系问题就会变得很突出，孩子就会面对跟父母间的边界问题而走向下一个危机。因为这个时候父母可能已经无法像以前那样全方位地支持你，他们也有自己的人生，他们在不同人生阶段也有不同的课题，子女又无法代劳。

中年人和父母相处的第三个问题就是过往的原生家庭的一些问题。很多人向我咨询的时候都抱着跟父母和解的目的。当很多人谈到与原生家庭和解、与父母和解的时候，他们都是希望一家人能回到相亲相爱的状态。

但到了中年阶段，过往和父母相处的模式已经根深蒂固，而且父母已经处于五六十岁的阶段，这时如果要双方都能发生很大的变化其实并不容易。很多人面临的挑战其实是“我是否可以放弃让我的父母变好，我是否可以放弃改变我的父母，而只是改变调整我自己”。

那种特别融洽的亲子关系其实只是一个想象。孩子已经不是小时候的孩子，父母也不再是他们年轻时候的样子，父母和孩子都无法以那个时候的关系状况为蓝本指导现在的生活。

如果无法在过去获得这种想象中的融洽的亲情关系，那么在将来也不太可能重新获得。和解又有什么用?

真正需要做的事是找到和原生家庭相处的新的平衡点，探索出和父母相处的更好方式。跟父母之间的和解并不是原谅，而是理解他们的经历，理解自己当年的处境，然后找到现在能互相尊重、互相理解的相处模式。

如果中年的你已经进入婚姻，那么除了面临与自己父母之间的亲子关系，还需要面对与伴侣的父母之间的关系。是融入两个家庭，把两个家庭融合在一起，形成一个大家庭，还是保持彼此的边界，首先建立一个小家庭，然后再处理小家庭跟两个大家庭之间的关系。

有些人更崇尚自己的核心小家庭，有些人则崇尚一个大家族，这两种形式没有对错之分。所以这时要处理的问题其实是对于自己来说哪种形式更适合。

第三种亲子关系是自己和孩子之间的关系。正如上文所述，在依恋循环里，曾经的孩子其实就是他们的孩子的原生家庭。

在这个发展阶段有两种亲子问题。第一种是如果还没有孩子，怎样避免自己的问题出现在孩子身上；第二种是如果已经看到了孩子身上存在发展困难，怎样调整自己和孩子。

有一个非常著名的测试叫作 AAI（Adult Attachment Interview）成人依恋访谈测试。该测试可以非常准确地找到被试者的依恋模式。该测试发现父母的依恋模式，尤其是主要照看者的依恋模式，极大程度上决定了孩子未来的发展模式。在一次对准父母的心理干预中，我曾经在以 AAI 测试详细分析这对准父母的依恋模式后，比较准确地预测了孩子出生后的经历和性格以及人格发展过程中面对的挑战。

用 AAI 成人依恋访谈这一测试对准父母进行心理上的早期干预，也叫作心理层面的优生。

有很多家长之所以做心理咨询，是因为他们的孩子已经出现了各种各样的问题。孩子之所以出现问题，一般来说都是因为家长的问题，尤其是在孩子的人生转折点，比如 10 ～ 12 岁、16 ～ 18 岁这两个阶段，孩子在学习上、品行方面或者性格以及情绪调节等方面出现比较多的问题，其实都是在帮助父母回顾自己身上的问题。

有时，有些父母已经开始留意自己的孩子和自己的亲子关系方面的问题。比如一些孩子抗挫折能力差。遇到不会做的数学题时，他们会发脾气、把书扔掉，情绪非常糟糕，晚上很难入睡，早上又起不来，情绪更糟糕，进而陷入恶性循环。这种恶性循环一般开始于一个他们很难处理的具体的挫折。这时他不是去找解决办法，而是被自己的情绪所控制，感到很烦躁，想发脾气，需要别人帮助他解决问题。

有的家长看到孩子在做作业时很烦躁可能就会帮孩子完成作业，有的家长可能在帮孩子完成作业后感觉这样做不对，又走到另一个极端，严厉地管教孩子、打骂孩子，在这样的反反复复之后，孩子的叛逆心理就会变得很严重。

一般而言，这样的家长可能也从来没有用自己的力量顺利地解决过问题。比如遇到工作上、生活上的问题时，他们的第一选择可能是逃避，或是指责他人以推卸自己的责任。对于孩子来说，他从中学到的就是当遇到问题时，只要找到一个人做替罪羊，这个问题就可以解决。所以当你在工作、生活中遇到问题而指责他人时，你的孩子学到的就是如果有题目不会做，就应该找一个替罪羊。

有一个练习可以帮助家长从孩子身上看到自己的问题，这个练习就是观察孩子。腾出 20 分钟的时间，你可以在家里假装看报纸，也可以假装做点别的，但目的是观察自己的孩子。观察意味着用眼睛看，而不是用嘴巴说。所以如果孩子和他的母亲或父亲的互动有问题，要切记此时你要做的事情是观察，而不是干预。

在观察的过程中，你可以思考以下几个问题。

问题一：当面对孩子的时候，你最常处于哪种情绪之中？

比如，有的人可能在观察孩子的时候，发现孩子做一会儿作业就放下笔玩一会儿，因此内心会很烦躁、很焦虑，或者内心会出现很多批评的声音，觉得孩子怎么可以这样，这样是不对的，等等。这个时候你不要指责孩子，你要做的事情只是观察，觉察自己面对孩子的时候，内心会有哪些情绪。很多时候，你可能会焦虑、害怕、恐惧、愤怒，会有各种各样的情绪。此时你被禁止指责孩子，因此你可以尝试寻找平复自己情绪的办法。

问题二：这种情绪源于孩子的什么行为，你对这个行为的预期和解读是什么，你的情绪如何影响你对孩子的看法？

比如，在听到孩子哭的时候，你的情绪反应可能会很大，可能因此陷入恐慌和愤怒的情绪。这时，我们就会告诉他，试着感觉一下你对孩子哭这个行为有什么预期和解读。

很多父母会说孩子一哭就感觉自己好像不是个好妈妈或好爸爸，感觉孩子的哭声是在要求自己、指责自己。这就是父母对孩子的行为的解读。从亲子指导的角度看，孩子哭的原因可能只是他摔倒了所以感觉很疼，或者因为他和小朋友相处得不愉快，孩子可能只是在表达情绪，并不是在指责你。

但是如果你将他的行为解读为对你的指责，就可能对孩子产生各种各样的情绪，比如很害怕这个孩子，很讨厌这个孩子，或者只要这个孩子出现就会感觉很委屈、愤怒，等等。

从上述例子可以看到，有一些事情会触发人的情绪反应。当某些情绪被触发后，人们可能就会误解或过度解读孩子的表现并先入为主。

问题三：试着寻找对孩子行为的其他解读方式，再深入思考是什么因素导致你产生这样的解读路径？

比如，是不是自己小时候经常被指责，让你觉得自己什么事情都做不好，所以在做家长这件事情上你一直存在很多恐惧，于是当孩子出现问题的时候，你的第一个反应自然就是“一定是我的不好”。很多时候可能并不是你的问题，而是孩子在正当地表达他的需求。

大家可以把周围的这些关系当作镜子，这些亲密的关系能直接反映出你内心的冲突，让你看到自己身上的不足和冲突，帮助你进行改进。这其实是周围环境给予你的帮助，而不是对你的要求。此时，你可以通过人际关系这面镜子，透视以下几个问题。

问题一：你跟周围的人的关系怎样?

问题二：你为什么允许别人这样对自己，如果你有一个经常对你很冷漠或指责你的伴侣，想想为什么你会允许这样的伴侣存在?

问题三：在这样的人际关系中，你的收益是什么?

很多时候，有的人之所以把自己弄得很惨，甚至把自己变成一个受害者，是因为有获益——这样他就可以站在道德的制高点并证明了别人都是错的。具有这一人生目标的人，自然会在身边聚集很多对不起自己的人，甚至会默许他人做一些伤害自己的事情，以便自己可以成为受害者，可以站在道德的制高点。

如果确实如此，你就要思考下一个问题。

问题四：你是否还要继续下去?

如果你已经不想再做一个受害者，也不想再站在道德制高点上，而想真正过属于自己的人生，就来看最后一个问题。

问题五：如果需要改变，你还缺少什么?

第四章

重塑生活

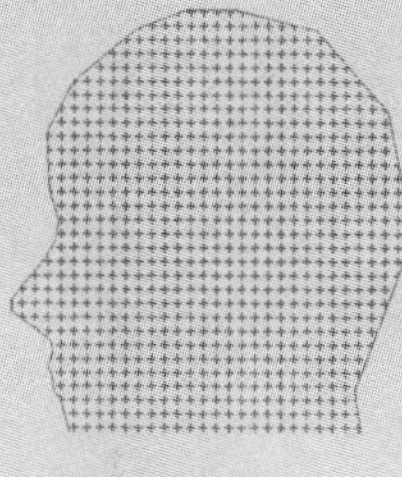

4.1

人生资本：心理体质带给我们的安稳和能力

本章从成年期到成年中期的转变开始谈起，帮助大家管理好该阶段自己的人生资本，管理好稀缺的体力、精力、资金，扎根当下的发展，兼顾对过去的梳理和改变，扎扎实实地把成年到中年阶段的基础打牢，顺利进入成年后期的黄金时期。

本节将为你的新的生活方式的建立做一个基本的“心理体质”上的准备，我将从五个方面来探讨这一问题。

第一个方面，什么是掌控和自律。

第二个方面，如何平衡情绪和理智。

第三个方面，情绪调节是如何实现的。

第四个方面，如何建立健康的逻辑能力和思考能力。

第五个方面，平衡能力的建立。

首先要理解掌控和控制的差别。很多人错误地将掌控一件事理解为完成这件事的每一步都一定要按照自己的方式进行。其实，掌控只是需要在事情完成的过程中对于自己能控制和超出控制的部分都有所了解，并且能通过灵活的应对方案实现自己的目标。

有一个成功学概念叫作自律。这个概念误导了很多人，有很多人以为掌控就意味着要很自律。比如，我计划早上8点健身，如果10点才去，就会感到愧疚或自责，认为自己不自律，进而产生很多自我挫败的想法。

掌控并不是控制，掌控意味着，如果你想一周健身三次，虽然你想尽量安排在星期一、星期三、星期五，但是如果其中某天有其他的事情，你也完全可以将健身计划调换到其他时间；如果周一晚上很累，也可以不去健身，而在周二上午进行。因为需要做到的只是一周健身三次，并不一定要在固定时间进行。

掌控的特点是在计划的推进和目标的实现过程中可以有一定的灵活

性，预料到事情会发生改变并及时进行调整，能接受这些改变和调整是自然发生的事情，不完全受自己控制。因为不排斥这些改变和调整，所以可以从容应对，更重要的是，能顺利完成目标。

人的精力和意志力都是有限的，人到了成年中后期，最重要的事情是认清自己的局限性和自己所有资源的稀缺性，然后才能开始把资源都用在刀刃上。

很多时候人们会把对目标的实现转变为对过程和手段的纠结。当纠结过程和手段时，人们往往就忘记了真正的目标。很多人会错误地把完全控制过程理解为自律，这其实就是过度控制的表现。自律并不是一定要每天按照时间点完成相应的事情，而是可以在这一段时间之内很好地平衡需要完成的事情，平衡自己的情绪。比如现在情绪不太好，就先调节一下自己的情绪，然后再完成要做的事情，也会确保在规定的时间内把事情完成，又不会因为没完成计划而形成一个自我挫败的过程。这才是比较健康的自律。所以，掌控、自律跟控制是不一样的。

实际上，要做到掌控是有前提的，这个前提就是达到理智和情感、想法和情绪之间的平衡。很多人设定了目标并制订了非常详细的计划，但完成不了，进而产生了挫败感。在这个过程中，他们混淆了掌控和控制。

一个人之所以从掌控一件事情滑落到过度控制一件事情，一般来说是因为他出现了很多情绪。比如，如果这件事情不按照我说的方法做，我会觉得很沮丧、很难受，或者我会很自责，觉得自己没做好，不是一个优秀的人，等等。当这些自责、焦虑等难以平复的情绪出现的时候，一个人如果没有办法平衡理智与情绪，就会被情绪所淹没。

比如，你很想和孩子或伴侣一起共度亲密的时光，打算一起看场电影。可是你们各有自己想看的电影，无法达成共识，最后不欢而散。本来一起看电影只是为了让彼此有一个相处的时间，情绪却让这件事情变成到底是你应该陪我看剧情片，还是我应该陪你看警匪片，到最后变成了到底应该谁听谁的争论。

如果有了情绪，又没有办法平衡情绪和理智，就会导致人们把注意力都集中在过程和手段上，而不再关注目的。

在上例中，如果双方无法在看电影这件事情上达成一致，其实可以把看电影换成一起去吃饭，或者找个地方坐下聊天。如何平衡情绪和理智，这才是掌控的起点。

情绪控制能力和肌肉控制能力一样，是需要锻炼的。就像在健身房举哑铃，今天能举2个，明天能举3个，肌肉才能慢慢变得强健。

有些人认为懂得调节情绪就是每天情绪都很好，能避免坏情绪的出现。其实不然，真正开始学习调节情绪时，可能需要有意识地寻找一些调节情绪的机会，而不是避开这些机会。

比如，以前面对压力时，我可能马上就会去看电视剧，现在我试着延迟 5 分钟再去看电视剧。锻炼情绪的控制能力也是每天多面对一点，每天都进步一点。当面对压力的时候，我可能在一定的时间段内仍然会选择逃避，但是通过不断练习延迟逃避行为，不断增加延迟的时间，最终做到不再逃避。

比如，你现在特别想吃零食，但你知道自己正在借此逃避压力。这时，你需要觉察到以下几点。

第一，很好，你已经意识到你有负面的情绪了。

第二，你知道你想逃避是因为自己不想面对这个情绪。

第三，你现在需要锻炼自己的情绪肌肉，因此应该在这样的压力之下再多待一会儿。

也许最后你仍然会吃零食，但是你可以试着推迟 10 分钟或 20 分钟再吃。在这 20 分钟里继续做那件让你有压力的事情。

如果 20 分钟到了，你发现自己并不是非吃不可，你就可以继续做那件事情而不吃零食。但有些时候你可能觉得特别累，只能坚持10分钟，这也没问题，那就只坚持10分钟。通过这样循序渐进的锻炼，你面对情绪压力时的心理承受能力就会越来越强大。

想要做到掌控，还要培养健康的逻辑能力和思考能力，这其实属于认知及认知的锻炼，后文会帮助大家培养、发展这些能力。

想要做到掌控，还需要有非常好的平衡力以走出非黑即白的二元对立困境。非黑即白的困境包括事情只分对错，做事情走极端，或者有人认为这件事情只能这么办、没有其他办法，或者一定要判断谁对谁错。

很多人受困于非常僵化的处理事情的方式而无法灵活变通，所以在做事情时或处理人际关系时会遇到很多困难。而掌控，就是面对变数时可以灵活处理。当你能走出非黑即白的困境，能尝试用不同的方式解决问题时，就意味着你已经可以接受这一事实——事情并不是只有一种解决方法，也往往没有最优解，要做的只是不断寻找把这件事情解决好的办法。只有从非黑即白的思维逻辑中跳出来，才有可能做到真正从容地面对生活。

这些都是一个人在开始完成掌控，或者已经逐渐获得掌控时需要注意的方面，可以为练习掌控力打好基础。

4.2

精力管理：掌控精力是提高效率的基础

进入成年中后期时，个人要对很多事情的稀缺性和自己的局限性有准确的认识。到了这个阶段已经不再像小时候那样拥有大量的时间和精力，这些限制都实实在在地存在于物理层面、生理层面。其中精力的稀缺尤为明显。

精力的稀缺是由很多不同的原因造成。

到了一定年龄，身体最主要的表现是体力下降。体力下降包括多个方面，包括注意力持久度的下降、记忆力的下降。而且在这个身体变化的时期，工作挑战也在变大，所以很多人在此时会面临瓶颈期。其中的主要困境就是感觉自己已经没有那么多精力和能量，但是工作压力却在变大。很多人会有意无意地忽略自己的体能其实已经跟以前不一样了。

这时要做的并不是怀念以前自己还是个孩子的时候体能有多好，而是要意识到自己现在的身体已经发生了很大变化。但是很多人其实会有意无意地忽略自己体力的变化，这在临床上叫作否认。

举个例子，很多人以为现在的身体状况应该和以前一样，依然熬夜，甚至有的人希望通过熬夜证明自己还没有进入中年，证明自己还和以前一样。

想一想你每天有多少时间花在试图证明自己没有变老上。如果可以坦然接受自己身体能量和精力逐渐减少的事实，你只需要思考怎样合理地利用这些精力即可，而不是想怎样让自己回到过去。如果可以在否认上少花一些时间，可以在生活中使用的精力就会变多。

其实，否认自己的变化不仅会占用精力，还会带来一些极端的危险。其中一个非常极端的后果就是猝死。一个正常人，如果没有一些器质性的疾病，并不容易猝死。实际上在猝死之前，身体已经给过人们足够多的警告了。但是由于主观上的否认甚至自我催眠，认为自己的身体状况还和以前一样，于是当这些信号出现时，很多人会有意无意地忽略掉它。现代社会中每个人的压力都非常大，大家很容易选择性地忽略自己的身体。

如果精力在这一阶段消耗过多而没有得到很好的补充，就透支了后续几个发展阶段可以使用的能量。

此时，建议大家尝试做身体“扫描”的练习。你可以坐在凳子上，可以躺在床上，甚至你也可以在地铁上进行练习。这一练习所需时间从20分钟到1小时不等，可以帮助你重新找到身体每一个部位的感受。

当你可以感觉和理解这些感受时，你才会把自己的身体当作自己的盟友。精力变得稀缺会带来很多现实层面上的影响。精力的不足会造成工作效率下降，也就是说单位时间内能完成的工作量较从前有所减少。所以如果在中年之后仍然无法找到提升途径，就非常容易在职场中陷入衰退。

很多人会在这个阶段重新进行职业规划，职业性质不再是单纯依靠时间换取经济回报。

其实，精力管理是一个系统工程。

精力可以简单地从字面意义上理解为精神力量，也就是每天醒来时，有多少精神力量可供这一天使用。如果今天起床的时候感觉自己不精神，那你今天的精力就是少的。

精力管理很大的一个挑战是，日常生活中的各种事务已经占据了人们很多的精力，但是如果需要做出改变并进一步积攒力量以便突破现在的圈层而进入下一个阶段，必须首先要保证现实层面不出现问题。

举个例子，很多人之所以害怕做心理咨询，是因为他们发现有的人在进行心理咨询后，反而会进入一个更不好的状态。其实，心理咨询是一个帮助来访者深入地探索自己进而改变自己的过程。

这个过程是一个剖析、剥离、重建的动态过程，其间新旧观念更替时，人的心理状态是很脆弱的。咨询师会在咨询之前考察来访者的心理承受能力，做好防护准备。

精力管理也一样。在突破自己，往上迈一个台阶时，能力、思维方式、处世方式大都需要改变。人们在这个改变过程中也是很脆弱的，需要处于一个相对有保障的情况之下，比如在一个既不会丢掉工作也不会影响日常收入的情况下，慢慢进行自我调整。待把这些日常条件都稳定下来，并且可以调整到每天还有剩余精力做更多的事情时，才能开始进一步探索自己并且实现自我成长。

所以，精力管理的第一步是理顺现在的生活，第二步才是留出一部分精力为后续的发展做准备。积攒额外的精力也是突破圈层、走到下一阶段的必要准备。

精力管理其实是一个系统工程，很多方面都会影响精力管理。

第一，上文提及的身体问题，比如休息不好或生病都会使精力下降。

第二，复杂的情绪也会消耗额外的精力。比如，当失恋、突遭变故或遇到打击时，你甚至会感到早上起床都需要很多心理力量。所以，此时一定要给自己时间平复情绪，而且要知道当冲击发生时，如果感到没有足够的精力、体力，是非常正常的。精力也就是情绪稳定很重要的原因。如果每天的情绪都大起大落，就会消耗大量精力，而且尝试调节情绪的起落也会消耗精力。

管理好情绪并不是要压抑情绪。压抑情绪时，人们表面上看起来好像风平浪静，但是就像一眼泉，泉眼里不断有水冒出，盖上盖子并不能阻止深处的水往上涌。这就是为什么很多抑郁的人，虽然看起来没有情绪波动，但精神上已经感觉十分疲惫了。因为压抑是一个持续发力的过程。

第三，缺乏活动调剂也会影响精力。正如上文所述，休息是非常重要的，休息可以从体能上补充精力。但是单纯睡觉并不是一种很好的休息方式。

如果你的工作需要脑力劳动，你一定要总结一种让大脑转换赛道的休息方式，找到一种用体力活动补充精力的休息方式，例如跑步、打球。

第四，精力的分布是有特点的。

第一个特点是，精力在一天中的分布因人而异。比如，有的人属于早起型，对于他们来说，精力更好的时间在早上；而有的人可能属于晚睡型。大家要根据自己的精力在一天之中的分布特点，找到一个比较适合自己的工作方式。比如，有的人早上四五点起床，一起床就直接开始工作，一直工作到九十点。别人刚刚上班时，其实他已经把全天的工作处理了大半，所以上班之后，他就会轻松很多，可以放松精神，开始做一些社交性的工作，例如开会、与人联络感情，等等。

有的人可能在上午的时候没精神，要慢慢熬到中午吃完饭再小睡15分钟，才能精力充沛。如果你是这样的人，可以把重要的事情留到下午做。习惯晚上工作的人，可能就需要调整到一个不需要在白天做很多工作的职位。

第二个特点是，精力的分布是变化的。可能有几个月你晚上特别精神，也许随着季节的变化，你发现自己的精力变得在中午特别好。

遇到这种情况，有的人可能会认为是自己的自制力变差了。其实不然，只是精力的分布发生了改变。所以你需要不时监测自己的精力分布情况，随时做出调整。

第五，精力管理需要学会放弃完美。人的自律和意志力都需要精力支持。举个例子，创业者大多白天满负荷工作，晚上绞尽脑汁思考，需要耗费大量精力，加上创业艰辛，他们还需要坚强的意志力。在这种情况下，到了晚上他们往往没有多余的精力提高意志力，也就难以抵御夜宵的诱惑。但是吃了夜宵，有些人又会开始自我怀疑。

其实人一天的精力是有限的，如果要把所有的事情都做到完美，就意味着可能很多事情都只能做到 60 分。这也是为什么很多完美主义者会为每天做的每件事情都感到沮丧。

其实很多时候晚上多吃一顿夜宵，在短期内并不会造成太大的影响，而且也许把控制自己不吃夜宵这部分精力用在事业上或家庭上，可以使生活变得更好。

因为对中年人而言，最重要的一点就是意识到自身的局限，意识到自身的资源和精力都是稀缺的。只有这样，才会把有限的资源投入最重要的事情。

4.3

体力管理：如何管理体力，平衡工作与生活

一个人的精力和体力与其生活、工作状态、日常效率甚至自身的可持续发展都息息相关，所以精力和体力管理都非常重要。

本节将从睡眠、体能活动、进食这三个方面阐述体力管理的相关内容。

第一个方面，睡眠。睡眠的重要性无须赘述，很多人都深受失眠的折磨。睡眠对现代生活的重大影响体现在两方面。一方面是健忘。因为人在非睡眠状态下只能形成一些短期记忆，短期记忆变成长期记忆所需要的长期记忆蛋白的合成只能发生在深度睡眠时。另一方面，在深度睡

眠状态下，大脑会清理很多生理代谢的废物。大脑如果不能及时清理这些废物，就会大大增加阿尔兹海默症的发病风险。

当睡眠不好时，人的体能、精神状态，还大脑功能、运算能力、判断能力都会受到很大影响。

睡眠还作用于情绪的产生。睡眠不好时，个人的情绪也会很差。而当情绪不好时，有些人会依赖上瘾物质或行为以逃避这些情绪。

比如，有些人回家后不断看电视剧、刷购物平台、浏览娱乐消息以缓解一天的不良情绪。这种调节情绪的方式会占用大量时间和精力，其结果是睡眠时间更少，睡眠质量更差，进而形成恶性循环。

睡眠问题成为现代人的普遍性问题的原因主要是现代社会的压力比以前大很多，包括信息带来的压力。

曾经有科学家做过一个实验。把一些人聚集在一个古堡里几个月，在这几个月里，他们有固定的收入，每天只做自己想做的事情、喜欢做的事情，不需要面对任务压力。一段时间后，科学家发现这些人的作息时间变得越来越相似。

他们中的很多人在晚上 8—9 点时就已经开始进入睡眠状态，他们可能会在午夜 12 点左右醒来，醒来后他们会感到很有活力，因为在实验过程中没有电视、手机等分散精力的物品，他们醒来后会做一些事情，然后再进入下一段睡眠，大概从凌晨2点一直睡到天亮。

因此，如果你在睡眠中途醒来，不必过分忧虑。有些人可能因为自己会在后半夜规律性地醒来产生一定的困扰，担心自己是否存在睡眠问题，其实这是一个自然的睡眠状态。

当然，没有中途清醒的过程也属自然，毕竟在面临的压力非常大的情况下，大脑可能需要一个时间更长的连续睡眠。

最新研究成果显示，一个人的睡眠时间长短不很重要，重要的是能达到深度睡眠及深度睡眠的时长。一个人的睡眠周期通常是90分钟左右。在这90分钟里，人们会经历一个从清醒状态到浅层睡眠，到眼动睡眠，到深度睡眠，再清醒的过程。有的人一个晚上可能会经历3～4个这样的睡眠周期，在两个相邻周期之间会经历一个浅层睡眠阶段，有的人可能会在这个阶段醒来，但是很快又会进入下一个睡眠周期，也有的人并不会在此时醒来。

如果你的职业要求你经常保持清醒，你需要保证的是尽量把睡眠时长调整为90分钟的倍数，比如你可以睡1.5小时、3小时、4.5小时，并且按照睡眠节律调节自己的睡眠。如果你在睡眠周期的末期醒来，就会感觉到睡眠质量比较好。

当然，有些时候人们还会面临睡眠剥夺感问题——睡眠节律很正常，但是醒来的时候有一种没有睡着的剥夺感。

对于这种情况，你可以监测自己的睡眠，如果睡眠节律没有太大问题，虽然你感觉好像没有睡觉，但睡眠监测数据表明其实你的大脑得到了一定程度的休息，那就不必过于担忧。

在睡眠这个问题上，其实最重要的是顺其自然。如果你某天感觉自己的精神不太好，不必焦虑，尝试调整当天的生活即可。大家可以尝试正念冥想、身体扫描等一些睡前练习。睡前练习的目的不是让你入睡，而是让你可以从大脑过度活跃的状态里出来，进入一个相对平静的状态，然后在平静的状态下自然而然地入睡。

第二个方面，体能活动。上文已有所涉及，在需要休息、恢复精力的时候，对于脑力劳动者来说，最好的休息反而是在睡眠充足的前提下，再进行一些肢体性的活动。因为脑力劳动如想问题、做分析、写作等用的是同一部分脑区，而进行体力活动时，激活的是其他部分的脑区，这样大脑就得到更好的休息。

反之也一样，如果你当天做的事情基本上都是体力活动，回家后你可以花一点时间看看书，或者一个人思考一下人生，以便大脑的脑区交替活动。

有的人可能会说，我长期伏案工作，体力不太好，一运动就觉得浑身发虚，我不行，做不好，这可怎么办？

其实，一个人觉得自己的体能不好的原因有一部分是心因性的，也就是说，在心理上觉得自己很脆弱、很虚弱。比如，你害怕当众发言，所以你上台演讲前会感到腿发软。所以，大家在一开始可以尽量参加一些集体活动，因为大家都在做同一件事情时，会帮助你减小心理阻力。有人帮助你、督促你，你就能更好更快地迈出第一步。等你迈出第一步，你的身体开始有一点点的改善后，你就更容易坚持下去。

我常常建议前来咨询的人通过一些对抗性的活动调整自己的精神状态。他们会发现在对抗性的活动中，比如网球、篮球、击剑、散打等，运动和叫喊给他们提供了很好的机会宣泄自己内心的情绪。当内心的情绪宣泄出来时，心理压力就会减轻，他们会发现自己的体力其实比自己想象得好。

这是体力管理的一个很重要的过程。在这一过程中，要做到的是，尽量找到各种各样的方式进行活动，以便灵活地使用不同的脑区和不同的调节方式。

第三个方面，进食。食物是体力的源泉，饮食不足，体力自然得不到保证；过度进食又会增加身体的负担，比如晚上吃的食物很多，第二天早上起来身体就可能浮肿、沉重，状态也可能非常不好，没精打采。所以进食也是体力管理中很重要的一部分。

很多时候，进食是心因性的，尤其是青少年时期发作的暴食症或厌食症其实都是情绪调节、心理调节失控的表现。

一般来说，暴食可能是一种补偿机制，而厌食是一种拒绝外界、断绝接触的表现。消化系统的器官是表面器官，也就是直接接触外界的器官，其情况实际上反映了个人跟外界的关系。

其实不管是压力型进食还是压力型厌食，都是身体的智慧，并不是一个问题。有时需要吃下很多食物才能感到满足，其实是因为内心很空虚。反之，厌食意味着外界带来的有毒害的东西太多，你觉得自己需要关闭这个入口。

所以，压力型进食或压力型厌食本身是身体智慧的体现。真正的解决办法并不是治愈消化系统，而是调节整体的生活状态。进食方式其实跟生活状态是有很大关系的。

4.4

财富管理：拥有财富必备的五个心理守则

对于大部分人而言，钱往往不仅仅是钱。反之，如果一个人能够让钱只是钱，那么钱对他而言就不再是一个问题。

不同的人生经历会给钱赋予很多不同的属性。比如，如果小时候看到挣钱多的人在家里说的话更有分量，认为一个人没有钱，就没有发言权，也没有资格保持自己的自尊，那么这样的人从小就会在潜意识里把钱、权力和控制、自尊画上等号。

当钱被赋予了这样的附加意义时，人们和钱之间的行为就会变得很有趣。尤其在成年中后期，面临的压力变大时，人们和钱之间的复杂关系就会变得更明显。

钱有五种不同的形态。

第一种形态，收入。对大多数人来说，直接收入是最重要的财富来源，是一个人的生存基础，也反映着一个人怎样看待时间和精力的价值。一个人的财务状况如何，实际上很直接地、赤裸裸地为他的时间和精力标出来了价码。有人会争辩说自己身不由己，但是一个人目前的生活状态都是由自己的决策一步一步形成的，就是其人格成熟度、心理状态、发展状态的最直观的表现。

一个人的收入是其个人状况的重要反映，主要反映了以下两点。

第一点，反映一个人对自己的个人价值的衡量，包括其信念、自尊、价值观。

第二点，反映一个人对自己的付出及工作的价值认可。

从客观上讲，个人的工作和付出肯定有价值，但是收入反映的是个人如何看待自己的付出。

如果你觉得自己的付出是没有价值的，你很有可能就会觉得老板给了我这个价钱的工资，我必须卖力工作，我必须干得更多。有的人可能跟你处于同样的职位，但他并没有你那么卖力。既然老板说了这是 8 小时的工资，那么我要付出的就是 8 小时的敬业工作，如果要加班，也许我可以和他要加班费，或者如果没有加班费，那么我明年可能会要求老板给我涨薪。对比对同一个职位的两种不同的看法，你就可以理解这两个人对自己的价值的不同看法，而这种不同的认知会直接影响他们所获得的报酬。

这看似只是对工作和报酬的看法，但之所以会产生不同的看法，是由于每个人都有自己特殊的经历和依恋模式。这些经历和依恋模式、思维习惯非常容易影响一个人对金钱的态度，从而影响其收入。

有一类人坚信我要先付出，然后我才可以得到爱。

很多时候，如果你觉得只有付出才可以得到爱，那么你得到的也许并不完全是爱。不求回报的付出，得到的结果很可能是没有回报。但是很多人会暗地里想要回报，却表现出不求回报的样子。这种表达上的扭曲就会直接影响所得，不管是感情还是报酬。

如果觉得自己只有先付出金钱或劳动，才有资本和他人谈回报或报酬，这一心理反映的是自己内心的虚弱。这分虚弱，很多时候来自个人的价值感和自尊水平。所以，一个人的收入其实很多时候反映的是他认为自己的付出和工作本身是否有价值，以及他是否觉得自己有价值。

第二种形态，存款。存款和收入是完全不一样的形态。很多人可能有很高的收入，但并没有多少存款。存款实际上是生活中的缓冲，存款有很大的心理意义，可以在心理上给你提供安全感。

为什么存款有重要的心理意义？因为存款可以把你从生存线的挣扎中解放出来，意味着即使暂时没有收入，你仍然可以依靠它独立生存一段时间。

从这个意义上而言，如果你没有存款作为缓冲，就意味着你其实根本不自由，随时会面临危机。你可能在过往的生活中从未感到过自由，一直都活得不自由，只是你已经习惯了这种生活状态，所以从来没有想过还有别的活法。

我的一个很好的朋友，向我讲述过他当年转行的经历。他说那个时候他的收入很高，所以存下了很多钱。在 30 岁左右时，他突然意识到，自己真的不想做这种特别机械的工作，想要更多自由和探索。他的存款可以允许他一年之内不工作且活得很好，于是他在辞职后就开始了 3 个月的旅行。

他在旅行的过程中经历了各种各样的事情，开始思考自己到底想要过哪一种人生。回来之后，他就着手转行。他的存款可以让他为进入新行业做准备，让他有足够的钱付学费，所以没有那么多焦虑，他从容地完成了职业转型。

第三种形态，债务。提到债务，大家的联想都是痛苦的感受。而且比起愉悦，痛苦的感觉对人的影响更大。

疼痛、痛苦这类体验的黏性很大，会像口香糖一样一直黏在人们身上。其实人类对痛苦的深刻记忆有一定的心理意义，其中之一就是生存需求。如果记住一件事情是不好的，就能更好地避免自己再次陷入同样的困境。

债务有优良之分，但是不管是哪一种债务，都会带来很大的心理消耗。不是所有人都可以在这样大的压力之下，仍然保持正常的决策能力。尤其是从心理学的层面上讲，压力一定会影响自我功能。当压力过大或生活打击过大时，人的自我功能就可能受到影响，从而影响其判断能力。

在做债务决策时，不管是哪一种债务，都要首先考虑清楚你是否有能力承担这个债务，以及如何平衡这个债务可能带来的心理影响和消耗。只有觉得有能力承担时，你才可以做出一些有关债务的决策。

第四种形态，收入及财富目标。财富目标或财务目标不仅仅和收入相关，还关联着不同的情绪。和单纯谈及收入时的情绪不一样，收入的增长及财富目标会直接激发起恐惧、限制性思维等一系列感受。

举个例子，有些人可能会定一些过高的目标，最后却发现无法实现。这就会导致他们开始自我打击，甚至可能不再设定任何目标，认为“只要不定目标，不再对未来有希望，就不用经历失望”。有一些人不敢设定目标是因为不知道如何实现目标，只是将目光锁定在当下，单纯地相信只要多挣点钱、多干点活就行。

按照这个思维，收入是有上限的。因为你不可能一天工作 24 小时，一周工作 7 天。这种限制性的思维会使你无法实现有增长性的财务目标。这一过程涉及很多情绪和信念，而且与自我怀疑、自我确认、过往的经济创伤等都有关系。

第五种形态，有害的收入。有害的收入常常被很多人忽略，但其对人的影响非常大。

有害的收入指的是一些会使人失去自我，或者使人愤怒、无力、痛苦、内疚的收入。比如财务依赖，如果你的收入来源是伴侣的钱，那么不管对方对你怎样，你可能都会有“我靠他养活”的想法。你可能会愧疚、愤怒、无助、限制自己的消费，或者花钱更加大手大脚。这样的感觉会让你逐渐失去自我。

不管你的钱来自哪里，长时间脱离社会都会让你产生无力感、麻木感。这种例子非常常见，例如啃老族。他们的收入形式会给个人的心理状况，包括人格的成熟程度带来非常大的影响。

如果获得财富的方式让你感到痛苦，那么这笔财富基本上也可以算为有害收入，比如需要出卖自尊，或者需要过度加班，或者需要依赖不良关系。有害收入虽然短期内能够减小经济压力，但是长远来看，是以心理健康和生活质量为代价的。

4.5

人生规划：如何完成人生的角色转换

本节将探讨怎样规划人生转换的过程，这一过程可以分为三个步骤。

第一步，稳定目前的情况。

第二步，开始查漏补缺。

第三步，参考过往的人生发展阶段，规划发展。

在第一步即稳定目前的情况时，需要注意以下问题。

第一，整个转型期，不建议大家采用休克式的方法重建生活。很多人会问，如果在转型期发现有很多地方需要补课或者调整，甚至可能需要换工作、换行业，我是否应该辞职休息一段时间，再重新开始。

从人的发展阶段和心理健康的角度上看，大多数人在这个阶段并不适合进行脱产学习，除非你已经有了足够的心理成熟度和经济上的准备，并且彻底思考过这件事情而不是一时冲动。

如果在没有考虑清楚的情况下轻易离职，很有可能发生不理想的情况。比如，回到家休息一段时间后，发现自己很难再重新振作、重新工作，或者很难再适应社会节奏。而维持一个人的社会属性，对个人的发展和个人的成长来说非常重要。

并且，在离开了工作岗位几年后，重新找工作是一件非常困难的事情。如果在没有考虑清楚的情况下创业，其实也只是一时冲动之下做出的不成熟的选择，一般都没有良好的体系支撑。没有准备好就打仗，战败带来的影响可能会大于按兵不动。

在成年中期，大多数人已经成家立业，有了孩子，即使有的人没有进入婚姻生活，可能也需要赡养父母，也有朋友，有下属，有工作，成年人对自己和周围的人都负有责任。

责任是成年人的心理发展和人格发展成熟里很重要的一部分，责任所带来的正向的人格发展动力是非常重要的。

有的人可能会选择逃离现在的生活，比如卖掉大城市的房子而隐居。但是，逃离目前的生活并不会带来真实的转变。如果只是逃离一种生活，而内心并没有发生相应的改变，那么在新的生活里也会遇到同样的瓶颈，只不过表现形式可能不一样。

当然，并不是不可以换工作，并不是不可以重新学习，而是需要做好规划，并且清楚自己这么做不是为了逃避，而是为了拥有更稳固的发展基础。

第二，留出足够的体力、精力、财力重新发展自我。如果现在的体力、精力、财力都仅能维持现在的生活，你就没有多余资源供你完成自我发展。因此，首先要做的是调整现在的生活使自己开始有余力进行发展。

第二步，在查漏补缺这一步，首先要注意的是保证自己有转变的余力，而不是透支自己的精力、体力、财力。

查漏补缺需要大家做的是建立起自我觉察的习惯。自我觉察的习惯，其实就是以客观的视角，尝试用旁观者的角度、眼光看待自己。

比如，我整日在家写作、看书、看剧，我觉得自己可能是一个未来的作家，现在正在积攒经验。这是我的主观视角。但是同时也要看到，别人会认为这个人很宅，每天宅在家里好像也没有挣钱，都是别人养着他。

其实这两种观点都是对我目前状态的形容，在别人看来，我过的生活实际上是依附他人的生活，但在我自己看来，我是一个未来作家。

当我们开始可以用旁观者的角度审视自己时，你会发现很多自己以前没有发现的事情，比如，如果你是一个大学的美术教授，你每天的工作可能是参与各种展览的设计，或者跟不同的人谈生意，你实际的工作是策展人。我们可以试着用第三方的角度客观地描述自己的生活，感受自己的生活在他人眼中的样貌。

建立自我觉察，可以从每天回顾自己的生活开始，比如晚上睡觉之前，罗列一下今天做的事情、做这些事情时的感觉，以及这些事情和感觉对自己的意义；如果觉得这一天很没有意义，那么原因是什么；明天可以做哪些小小的改变，给自己带来一点点的意义。

自我觉察练习看起来很简单，但其实非常难坚持。真正开始做时，会发现自己其实并不想看见自己。一个人的逃避很多时候来自对自己的视而不见，来自看到一件事情时，选择闭上眼睛，不去看、不去管，只要把这个时间熬过去即可。如果没有反思，生活就会得过且过，经历就不会沉淀为智慧。

想要开始成长，就必须立足于每一天的生活。大家可以从现在开始，每天留出一点时间，观察回顾一下自己今天的生活。

第三步，参考人生阶段的发展，重新规划。上文曾提及人生的发展阶段，包括成年初显期、青春期以及成年期。

不同的人生阶段都有各自阶段性的问题需要回答。大家可以通过上文中的问题重新复盘自己以往的人生课题的答案，这一答案是你主动做出的，还是你被生活推着被迫做出的，如果你现在有机会重新思考，你会怎样看待这段人生。

回顾和规划的时间段主要从 16 岁到现在。因为 16 岁是青春期的开始，也是人格和性格发展很重要的一个阶段。下文会对此进一步深入探讨。

第五章

心理基因

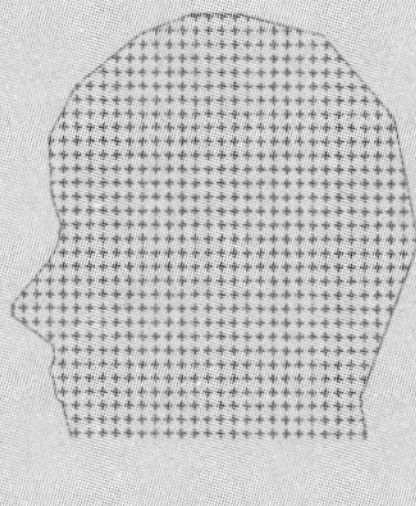

5.1

安全与信任：贯穿一生的自信和勇气

本章会对 0 ～ 12 岁、12 ～ 18 岁的成长过程进行基本梳理。梳理之后，大家就可以看到自己的自尊、安全感、信任感、自主性、能动性等各个方面的发展情况。在梳理的过程中，大家就可以开始观察和分析自己的心理基因。

本节介绍的主要是安全感和基础信任感的形成。这跟一个人一生的自信和勇气都有很直接的关系。

先来看一看米西在 0 ～ 18 个月时的心理发展情况。这一时期在心理学上叫作前语言期，也就是开始说话之前的时期。这一时期的特点是大脑的前额叶部分，也就是负责理性、理智、运算的部分大脑还没有开始发展。大脑还不能整合和理解这一时期所经历的事情，只能将之作为身体记忆存储在身体中。

举个例子，有些时候，你可能会莫名害怕一些东西，或者你到了一个陌生的地方却产生了莫名的熟悉感或无法表达的感受，这些就是前语言期的经历在我们身体上留下记忆的表现。由于前额叶还没有发育，所以这些信息都只能存储在身体感受中，而无法被理解或用语言表达。只有在意识、语言出现之后，这些感觉才能被综合在一起。

但这个时候外界跟婴儿的互动，直接影响了婴儿最内核的部分。如果把一个人的心理想象为一个人，刚出生的时候他没有穿衣服，也没有什么抵抗力。所以在0～18个月这个阶段，外界的任何影响都会直接作用于一个人的心理内核。

随着年龄的增长，人的心理慢慢开始具备很多防御机制。这个防御机制就类似于心理上的抵抗力和免疫力。

在米西18个月大时，心理学家对她进行了陌生情景实验。在她跟妈妈一起安全玩耍的情况下，让一个陌生人，也就是实验人员，也加入她们的玩耍，然后妈妈离开房间，实验人员依然留在房间里。通过这个实验观察孩子在面临压力和分离时的行为表现。

实验发现，当米西跟妈妈一起进入实验环境时，虽然这是个陌生的环境，但是她很快就适应了。她会很自然、很高兴地拿起玩具玩，并且在玩玩具的过程中跟妈妈有很多的互动，跟妈妈一起玩。当有陌生人加入时，米西会观察陌生人以及妈妈对陌生人的反应，然后在陌生人坐下看报纸、和跟妈妈交谈的过程中，米西感到妈妈觉得这个陌生人是安全的，于是米西也就开始跟陌生人一起互动、一起玩。

在实验的过程中，米西在妈妈第一次离开房间时表现出分离焦虑，她会哭，但是很快她就尝试用玩具安抚自己，也会接受实验人员安抚她的好意，虽然她感到陌生人并不能替代她的妈妈，但是也会尝试接受实验人员提供的帮助，慢慢地平复情绪，但是可以观察到她在玩的时候有一点心不在焉。

当妈妈回到她身边时，米西脸上的表情马上发生了很大的变化，脸上是由衷的开心和欢笑，她会冲妈妈举起双手，要求妈妈把她抱起来，妈妈也会非常自然地把她抱起来。她一旦重新回到妈妈的怀抱就会变得非常安静，情绪很快（1～3秒）就稳定下来了。

妈妈把她放下来和她一起继续玩耍时，米西玩耍和探索的质量明显提高。米西在得到妈妈的安抚后，很快就能回到高质量的玩耍和探索的状态，而不是继续心不在焉地摆弄玩具。可以看出米西可以跟成年人建立关系，但是她跟妈妈的关系很明显是非常密切和特殊的，所以当她有需要时，如果能见到妈妈就会非常快地被安抚。

通常，照顾者的离开是分离焦虑产生的核心原因，所以照顾者的重新出现就是这个问题的解药。在陌生情景实验里，不同的孩子对这种情况的反应并不相同。一般会有以下四种行为。第一种，当他有需要时会寻求他可以依靠、信赖的依恋对象；第二种，保持身体的接触，比如，婴儿会表达出被抱起来的愿望，这时如果妈妈把他抱起来，他就会重新在妈妈的怀里安静下来。

另外两种行为分别是回避行为和抵抗行为。有的孩子在妈妈离开时，表面上并不会表现出太大的情绪波动，或者有明显的情绪波动，但是在母亲重新回来时，孩子可能会对母亲视而不见，或者看到母亲后情绪反而更加激烈，更加难以安抚。前者是回避型的行为，后者是抵抗或抗拒行为。

这四种不同的行为体现了孩子不同的依恋风格。

很多人被问及“你小时候感到很沮丧、很忧虑或不高兴的时候会怎么处理”时，只有一部分人会说找父母商量或告诉他信任的成年人，很多人会说遇到这样的情况就自己解决。他们可能会将原因解释为“因为父母对我有很多的期待，所以我也不想告诉他们”，或者说“父母可能很忙，我就不给他们添乱了”，等等。这种孩子看起来可能是很懂事，但实际上这些就是不安全依恋的表现。

不安全依恋的第二类表现是不敢期待别人能够满足自己的需求。很多时候，有的人之所以不求助、不表达需求，是因为他们不相信或不敢相信别人会帮助自己。

不安全依恋的第三类表现是压抑自己的需求。

不安全依恋的第四类表现是总是很难哄，很难平复、安抚自己的情绪，这类人情绪一般不会很好。

不安全的依恋关系会产生很多不良影响，比如不敢对别人有期待，害怕别人的看法或在意别人的看法，害怕被抛弃，等等。如果存在这些问题，就要回顾在 0 ～ 18 个月时，周围的环境对自己产生了怎样的影响。

3 岁前的环境影响和教养对一个人的人格形成非常重要。这一阶段是自尊、基础安全感、基础信任感等心理发展的重要阶段，而这些是一个人产生自信的基础。

有一定的安全感和基础信任感，才有可能感觉自己是好的。安全感和基础信任感是在依恋循环里通过循环和满足建立起来的。感受自己的需求并将之表达出来，需求被满足后就会感到别人能看见自己的需求、能明白自己。这会使人们知道自己的需求是正当的，并且外界会对自己发出的声音、做出的努力有反应。在这一过程中，人们就会慢慢对外界产生信任，而后才能相信自己有能力处理遇到的问题。这样的事情多了，慢慢地，人们对自己的信任就会越来越稳固，这就是自信。

自信不是打鸡血，不是自我催眠，自信的意思就是能信任自己。而自信发展的前提是有良好的自尊。维持自尊的能力就是维持自我良好感觉的能力，就是自己能尊重自己的能力。能尊重自己就意味着认可自己是一个完整的人，是一个有价值的人。

当然，和自尊相提并论的往往还有自大和自卑两个概念。自大，就是不管什么时候都自我感觉过度良好，是脱离现实的。自卑，就是看不清自己到底是怎样的，并且在有压力或遇到挫折的情况下，会首先感觉到自己是不好的，会一直自责。自尊的人在面对压力时，可以用各种各样的办法调节自己的感觉。比如，当别人说自己不好时，会认为自己可能确实在某些方面不够好，但是同时这并不代表自己就是一个不好的人。

自卑的人在有不好的事情发生时会首先觉得是自己的错，会觉得只有自己会变好了，事情才会变好。

回顾米西在实验里的表现，当她想拿到箱子里的玩具又拿不出来、很沮丧时，她会先玩其他玩具，调节自己的情绪，等她重新感到有力量了，再继续解决箱子里的玩具的问题。这就是可以在孩子身上观察到的维持自尊的能力的萌芽。

大家可以思考一下，你很小时是怎样表达需求的？父母以及周围的人是怎样回应你的需求的？如果按照依恋循环审视自己的成长情况，你认为这个循环当时是怎样运转的，是以什么方式运转的？同时，大家还可以思考一下，如果你在小时候遇到难处，会觉得开口求助很难吗？为什么开口求助很难？你害怕的结果是什么？

5.2

自主性和能动性：如何找到人生更多的可能性

自主性和能动性的发展，决定了人生到底有多少种可能性。

在 0 ～ 18 个月的发展过程中，周围的环境对一个人的影响是非常重要的。如果在这一阶段发展得好，就会获得心理上的第一桶金。所以，在 18 个月之前，建议大家可以尽可能地满足孩子的基本需求，尤其是孩子 1 岁之前的需求，都应该尽量满足；10 ～ 18 个月这一阶段，养育者要慢慢开始退出，多留一点空间给孩子，让孩子在养育者的帮助下发展。

心理上的这第一桶金可以在日后的很多地方发挥作用，比如有的人可能在一件事情经历了 10 次失败后，仍然可以继续做第 11 次，而有的人在第 1 次失败之后就不敢再做尝试了。一个人可以在一件事情上不断尝试，可能是因为他有一个基本的信念：如果这件事情可以做成，而我还没有做到，只需要继续尝试不同的方式。他不会认为这件事情没有做好就是我不好，也不会担心这件事情做不好时别人对他的看法，他会把注意力都放在事情本身上，思考如何处理好这件事情，他相信自己的能力，也相信别人会给予他帮助，他需要做的只是找到完成这件事情的途径。

获得心理上的第一桶金会促成人们的自主性和能动性的发展。自主性能动性很重要的一点，就是一个人能自我调整，调整好了之后，他是可以自发完成一些事情，通过自我驱动实现目标。也就是说，这个人的自我效能很高。

还是以米西为例，在米西 2 ～ 3 岁时，心理学家对她进行了父母辅助解决复杂问题的实验。这个实验在房间里摆放了一个跷跷板。跷跷板的左边放在一个箱子里面，右边可以坐人。如果跷跷板的左边翘起来，放在跷跷板上的玩具就会从箱子里露出来，小孩就可以拿到玩具了。

这个跷跷板非常长，小孩把右边压下去的时候，就没有办法直接伸手拿到左边的玩具。这个实验允许一名实验人员和米西的妈妈同米西一起在房间里，允许妈妈或实验人员跟米西交流，但不能直接帮助她。米西进入实验室很快就被玩具吸引，想尝试解决这一跷跷板问题。

她先在玻璃箱子旁边摆弄，发现没有办法，很快就跑到了右边，她发现如果把跷跷板往下压，玩具就会被抬起来。这时她做的第一件事情就是找妈妈，她把妈妈拉到跷跷板的右边，然后用她还不完全成熟的语言向妈妈解释她想要妈妈怎么做。

她向妈妈的演示了一遍——把跷跷板压下去，然后指着另外一边向妈妈示意——你看我把这边压下去那边就可以上来，我要玩那个，所以妈妈你要压住这边，我要去那边拿。但是实验规定妈妈不能直接动手帮她，妈妈就向她解释了，妈妈不能帮你，你自己去想想有没有什么办法可以不用我动手。米西以为妈妈不能理解她，于是她又把整个过程演示了一遍。但是妈妈还是微笑着表示她明白但她不能帮米西。这个反应就让米西开始有些不耐烦了，或者感到了一些压力，她开始皱起眉头。

这个时候妈妈说你看那边有一些别的小玩具，你能不能试一下把小玩具拿过来。妈妈指了指那些小玩具，再指了一下跷跷板，然后就到一边去坐着。这个时候米西表现出困惑，然后想起妈妈刚才指了一下小玩具，然后又指了一下跷跷板，她就开始思考。尝试把旁边的小玩具搬过来，然后把小玩具一个个压在跷跷板上，这样她就用了一个新的方法在不需要妈妈的帮助下拿到了箱子里面的玩具，解决了一个问题。

米西拿到玩具后非常高兴，拿着玩具跑过去窝在妈妈怀里，好像在展示说，你看我解决了这个问题。

米西在这一实验室里的表现带给我们很多启发。首先，母亲是不被允许动手帮孩子的，但是她们可以交流。当米西请求帮助被拒绝了之后，她其实能够接受“妈妈不帮我，我还可以去找别的办法”，而且她发现妈妈跟她之间是有交流的，妈妈不动手帮她不代表妈妈不在意她，而是妈妈在用其他方式帮助她。她会思考妈妈告诉她的方法，尝试新的方法，并且为最后能够解决这个问题而由衷地感到高兴。

在现实生活中，有很多人在自己有需求时没有办法向别人求助；或者预见一个问题很难解决而不想解决时，就不动脑筋了；或者在向别人求助被拒绝了之后会很难受；或者如果别人向他提供不同的方法，他也会觉得不对，一定要用自己的方法解决这个问题。

很多人其实会被各种各样的情绪入侵，这些情绪会阻止人们解决问题，甚至引发人身攻击。而米西在 2 岁左右的时候，就已经可以灵活处理情绪，不被情绪控制，而以目标为导向解决问题。她已经可以做到想办法解决问题，在解决不了问题时寻求帮助，寻求帮助受挫的过程中，独立思考对方的建议，判断是否可以按照对方的建议做，灵活转换自己处理问题的方式，以便尽快处理问题。

灵活处理问题很重要。因为当她去向妈妈寻求帮助时，妈妈给她的帮助并不是她原来期待的。一般来说，在这种情况下，很多人可能会感到沮丧，产生有很多情绪，不一定能接受建议，但是米西接受了这个建议，因为她目标明确——我要把这个问题解决掉，而不纠缠为什么你不按照我说的做。米西表现出了自主性和能动性，她可以自己尝试解决这个问题，而且在有想法时能就这一想法和思考行动起来，同时，在行动受挫时，她可以尝试新的做法，用新的方法解决问题。

米西具备的这些能力是如何获得的呢？

第一，她从母亲身上获得了安全感，并且把母亲给予她的安全感内化为自信。她的母亲能回应她，并且会跟她非常愉快地一起玩耍。所以，母亲跟她很投入地玩耍这件事情，会慢慢内化为她的自信，她会相信自己是可以给别人带来欢乐的，别人会喜欢自己，自己和外界之间可以产生良性互动。

第二，米西是有处理情绪的能力的，她能接纳自己不好的状态，当状态不好时，她会通过自己的办法调整情绪。比如，当她感觉很沮丧时，就会玩其他的玩具让自己的情绪好起来，然后再想办法。

这一点其实很多成年人都不一定做得到。很多成年人面对压力时，可能确实会找到办法调节情绪，但很多时候是对问题的回避、逃避而不是解决。

回避和逃避就是，一个人可能有很多相对不那么健康的娱乐方式，他们在娱乐之后反而感觉更为空虚、沮丧，而不是感觉重新获得面对问题的力量。

这些做法可能确实能帮人们调节情绪，至于是调节还是逃避取决于做完这件事情后，自己的情绪有没有好转，这件事情有没有帮助自己重新将注意力转回到问题上。比如，看 1 小时网剧后，我感觉心情好一些了，这时候我可以关掉网剧，重新投入刚才的工作，这是自我调节；但如果开始看网剧后，我就一直不断地看，看了一整天，到要睡觉时才突然发现自己什么都没干，该解决的问题还是没有解决，于是我感到更沮丧、更难受，这就是回避和逃避。

第三，米西可以非常快地接纳一个新的方法，而不是纠缠于自己的方法。这种自主性和能动性建立在自尊、安全感、信任感都得到良好发展的基础之上，只有在一个相对安全的、被保护的环境中才能被培养出来。

很多人小时候可能由于各种各样的原因，没有被保护、被满足，是不是这些能力就不能发展出来而从此人生就悲剧了？并非如此。弄清自主性和能动性是如何基于安全感和信任感发展出来的，我们就可以在现在的阶段为自己创造机会，重新发展自主性和能动性。

自主性和能动性之所以重要，是因为自主性跟自我强度的发展相互影响，而能动性是平衡思考和行动的能力。

自主性跟自我强度的发展相互影响。自我强度就是应对内在的需求跟外界的压力之间的调节能力。比如，我的身体已经很想休息了，但是外界信息告诉我这个任务很重要，此时怎样调节二者之间的矛盾，就叫作自我强度。

自我强度包括很多方面，比如有没有娱乐自己的能力，有没有自我照顾的能力，有没有维持作息的能力，有没有维持自尊的能力，等等。

能动性其实是一个平衡思考跟行动的能力。自信不足的人很多时候会感觉自己无法行动，包括拖延症等。解决拖延症的方法并不是强迫自己做完该做的事情，而是要解决能动性和自主性的问题。

最后，自主性和能动性也会影响下一阶段——心理韧性的发展。

5.3

心理韧性：前进必备的坚毅与弹性

儿童中后期——7～12岁的发展，是坚毅力、心理柔韧性、逆商的发展过程。

孩子进入小学阶段后，需要发展的是坚毅力、柔韧性以及自我掌控和自我认知。

一个人可以发展出自我掌控和自我认知需要基于之前各阶段的顺利发展。

人的发展需要循序渐进，这也是为什么过早、过于严厉的教育对孩子后续的发展可能会有很大影响。

过早地让孩子接受文体教育也许能让孩子在小时候比别的同龄孩子

领先一步，比如 5 岁之前用一年时间孩子已经学会了 100 个汉字。但其实，如果孩子打好了心理基础，100 个汉字可能一两周就能学会。如果错过了发展敏感期，则当时一两年就能发展出来的稳固的安全感，孩子也许用一辈子都难以弥补。

孩子在小学阶段，也就是 7 ～ 12 岁的阶段，我们需要发展自己的以下几项能力。

第一，开始养成良好的习惯。

第二，开始有能力选择自己的习惯。

第三，养成自己想要拥有的习惯。

一般来说，人在小学阶段会找到自己的爱好，并且能在练习的过程中，在追求这些爱好的过程中，开始平衡自己的兴奋点跟挫折之间的关系，做到既不会因为单纯地强迫自己做不喜欢的事情，也不会因为无法坚持而不得不放弃自己热爱的事情。这种平衡能力其实是在小学的时候开始发展和练就的。在小学的时候，很多人开始参加各种各样的兴趣班，回忆自己怎样为孩子选择兴趣班，以及自己小时候怎样上兴趣班，可以帮助你找到一个切入点理解这一内容。

找到自己的爱好，可能意味着小时候需要尝试很多课程。但是慢慢地，随着学习压力逐渐变大，人们会逐渐把自己的时间、精力集中到一两个爱好上，平衡学习跟爱好，以及练习和成就感之间的关系。比如，如果你喜欢弹钢琴，就会知道上台演出或通过钢琴抒发自己的情感是一个非常美妙的过程。但是这个过程是免不了前期的刻苦练习的。

“台上一分钟台下十年功。”为了台上的一分钟而在台下练十年功需要基本的耐性、基本的勇气，这些其实是需要从小学阶段开始培养的。这决定了一个人的逆商，或称一个人的坚毅力和柔韧性。

在成年之后，当面对一些不顺利的情景时，我们是否可以想方设法渡过难关并获得突破。能做到这些的人往往就是一个逆商很高的人。

逆商就是从小学开始，经历了很多大大小小的挫折，慢慢一步一步练就出来的。一个人的逆商、毅力，又如何在日常培养呢？难道我们要刻意制造一些人生打击吗？并非如此。

在孩子小时候，很多人都会很在意一件事情，叫作“坐得住”。

坐得住，在小时候意味着能坐在桌旁集中精力做作业；在长大后就意味着一个人在面对事情时，可以足够冷静，可以沉得住气，可以保持稳重、耐心，等等。

培养孩子的逆商，让孩子坐得住，要注意以下几方面。

第一，要注意周围的环境。如果你是家长，可以思考一下，自己是不是平时也坐得住。你也可以回想一下自己的家庭环境，你的父母平时是否是坐得住的。如果你想要孩子爱上阅读，想想自己平时是否有阅读的习惯，你的家人是否有阅读的习惯。有很多孩子在吃完饭后，可以自觉地开始看书学习，其中很大一个原因是他的家人可能在吃完饭后都会各自看书、看报纸，家里可能比较安静，孩子从小就潜移默化地习惯于安静地读书和学习。

如果你的家人都是坐不住的人，都没有阅读的习惯，你没有这些习惯也是很正常的。如果你的家庭环境比较吵闹，而你却可以安静地看书，这一定是因为你额外付出了很大的努力。

第二，要适应年龄的发展。比如一二年级的小学生可以比较高质量地集中注意力学习的时间大概只有 20 分钟。如果你强迫一个一二年级的孩子坐 2 小时，他真正注意力集中的时间也许只有 20 分钟。

于是对于这个阶段的孩子来说，如果可以花 20 ～ 30 分钟的时间集中精力做一件事情，他们就已经做得很好了。随着孩子的长大，他们注意力集中的时间会逐渐延长。一个孩子可能到了 10 岁左右时，坐得住的时间就会有 40 ～ 45 分钟，40 分钟后就可以让他休息玩耍，过一段时间再继续学习。

第三，要平衡自己的情绪。在必须面对一个重复或一个不那么愉悦的过程时，我们应该如何调节自己焦躁的心情？

试想，如果让你开始数自己的呼吸，静静地坐 5 ～ 10 分钟，你会有什么感觉。其实对于大部分的人来说，静静地坐 5 分钟，都会让人感觉非常困难。

当你真正冷静地坐下时，你会发现内心有很多念头，有很多焦躁的想法，这对大人、孩子来说都是一样的。

一个小学阶段的孩子，怎样才能应对坐得住的挑战呢？

通过模仿和学习，并且通过练习把这些方法内化为自己的一部分。比如，有一些孩子可能很想上台演出，但是上台演出之前要背台词，他又觉得很烦，于是这个时候有些孩子可能就会自己给自己做心理建设，把这件事情想象为一个难关，要去突破，要挑战自己，渡过这个难关。只要渡过这个难关，他就可能变成一个更厉害的人。这样的孩子可能从动画片、儿童书里看到英雄人物是怎样克服困难、练就一身本事的，从而受到影响和激励。

有些时候他们可能会选择模仿自己的偶像，比如他的偶像可能会说："我每天晚上其实写歌要写到大半夜，有些时候也会没有灵感，我会苦恼好几天，把自己关起来一定要把这件事情完成。”如果自己的偶像有这些特点，很多人就会在自己遇到困难时向自己的偶像学习。对于小学生来说，很多时候一个优秀偶像的带动作用是很大的。

在小学阶段，一个人从完全自我进入开始和社会和人群接触的阶段，在自我成长上也开始面临独立发展能力的阶段。所以，如何面对困难和挫折成为人生新课题。

通过处理这些困难和挫折，逐渐养成良好的习惯和面对问题的思维方式，并且锻炼出解决问题的耐性，这就是逆商发芽的时候。

逆商是一种全面的能力，并不仅仅体现在面对很大的人生困难或逆境时，它更体现在日常生活遇到的方方面面的问题中。很多时候捷径是人生最长的弯路。很多人之所以说有发展出逆商正是因为他们走了所谓捷径。

小升初、初中升高中、高中升大学，这是学生要面临的几大关口。所以在小学阶段很多家长更愿意让孩子把注意力集中在学习上，这是一个把人生任务都简化掉的过程。这一过程看似可以让孩子顺利地进入一个更好学校，但是其代价可能是让孩子的个人发展存在极大缺陷。

比如成绩优先或父母代劳，这些都是空心病的开始。因为如果孩子只需要关注作业，只需要关注成绩，而不需要关注任何其他事情，他们可能就没有机会思考人生意义，也没有机会做更多探索。

5.4

自我整合：成功的人是如何规避短板的

自我整合大致涵盖初中、高中、大学以及刚刚进入社会的阶段。从心理学意义来说，自我整合一般发生在 12 ～ 18 岁这个时期，也就是少年期和青春期。

当然，人的发展不可以简单地按照年龄阶段划分，并非完成本年龄段需要发展的事情后，就可以将其他事情留待下一阶段完成。

人的发展是重叠的、连续的过程。比如，如果在人生阶段最开始的时候，安全感并没有得到良好的发展，人生后续所有的发展阶段都会受此影响。如果安全感没有在第一阶段发展好，这一课题并不会就此结束，而可能使人在后续人生经历中进一步受到伤害，或者影响其他跟安全感有关的人生课题。某一年龄段的发展任务，其实指的是该年龄段是某个发展阶段的敏感期。

比如，很多人可能终其一生都在发展安全感，但是安全感最重要的发展时期是出生后最初的几年，也就是说，在出生后最初的几年，本来很容易培养出的安全感，如果到错过这个时期很久之后再重新发展，就需要付出极大的努力。

16 ～ 22 岁是自我整合发展阶段的敏感时期。

自我整合需要一个慢慢进入的阶段，一个人在经历自我整合期时，有三个主题需要思考，这三个主题也是自我整合的三个基本步骤。

第一步，明白自己是谁；

第二步，观察面对自己时会产生的情绪反应；

第三步，在自己现有的基础上找到自己的发展路径。

第一步，明白自己是谁。在这一过程中，要把对自己的描述和对自己的评判、对自己的批判区分开。这点很重要，因为当人们评判、批判自己时，实际上是在把自己内心分裂为好的部分和不好的部分，而不是整合起来。

以注意力集中为例，我可能会这么描述自己的注意力集中状态：我的注意力集中时间一般在 50 分钟左右，50 分钟后我就会疲劳，可能需要休息一下，回来再接着工作。这就是描述。

如果我说，“我这人就是个多动症，就是坐不住，经常沉不住气，就这样吧，反正我也改不了”。这就是评判，是对自己进行负面评判。

要明白自己是谁，首先要克服的一个习惯就是评判，不管是评判自己，还是评判别人。当需要通过指责别人获得力量时，其实自己是无力的。当某人批判自己、批判他人的时候，其目的其实在于让自己获得力量感，这并不会帮助人们进一步看清楚自己。

一个人可以开始睁大眼睛看自己，尝试描述自己时，一定会出现各种各样的情绪。批判其实就是为了帮自己规避一些情绪体验。当看到自己身上有自己不那么满意的地方时，人们可能会很愤怒，可能会有一些无助，可能会有一些悲伤。当人们指责自己、父母或周围人时，注意力就从自己身上转移到了别的地方。这种非常微妙的逃避行为使得人们的注意力从真正重要的事情上移开了。

在自我觉察的过程中，如果可以慢慢发现自己原来在逃避什么，就一定会产生一些情绪。所以，在自我整合的过程中，很重要的一点是要调节好自己的情绪。调节好情绪不意味着将这些情绪置之不理，而是真正体会这些情绪。比如，原来看到自己某个特点时，会感觉很无力；现在虽然自己看到这一特点时仍然会很难受，但是没有关系，此时已经有了让这些情绪释放出来的方法。

因为否定这些情绪或压抑这些情绪，实际上就是在把自己撕开、撕裂、分裂，把自己分裂成不同的部分。所以，有很多人虽然非常不接纳自己，甚至内心存在深深的自卑，但却有狂妄自大等一些极端化表现。

这些问题解决的入口是在尝试观察、描述自己的同时观察、描述自己的情绪，而不是将这些情绪付诸行动。

当一个人可以开始不评判自己而描述自己，看见自己是谁，并且在可以理解自己、观察自己的同时觉察自己的情绪，他就可以走到一个结合点。这就是整合的开始，他开始明白自己身上有一些特点，特点本身并没有好坏之分。比如，我的特点可能是单次注意力集中时间只有50分钟，如果非要定义优缺点，这也可以是一个优点。因为这意味着我的注意力可以在50分钟内有很好的爆发力。

所以，达到自我整合要做的其实就是开始描述、接受自己。当一个人可以开始接纳自己身体上、心理上以及生活中的各种现状时，他就有了一个稳固的现实基础以找到自己的发展路径。

找到自己的发展路径对于大部分的人来说，其实主要发生在高中和大学阶段。但是因为高考压力非常大，所以很多人在高中时会将精力集中在学习上，关于发展路径的选择可能会被延续到上大学之后，甚至延续到进入社会之后。

可能很多人会觉得世界很不公平，认为“明明在学校时我的成绩那么好，为什么现在那些成绩不如我的人混得比我还好”。从自我发展的过程来说，大家就可以理解这一点，也许那些当年成绩没有你好的人，把时间花在了让自己成为社会人的过程上，把时间花在如何认识情绪、调节情绪、找到自己热爱的事情上，甚至他们探索出了与众不同的路，在你埋头学习时，别人可能在处理为未来发展打下基础的各种各样其他的事情。

高中时期的自我整合阶段还有一个很重要的过程：模仿、体会、思考、内化。比如，人们会通过了解自己的偶像的生活方式，或者阅读名人传记，学习、借鉴别人的发展过程，逐渐整合自己。因为他人身上总会有我们不喜欢的地方，也总会有我们喜欢的地方，压制、摒弃自己不喜欢的地方，或是把自己喜欢的地方发展为自己的一部分，这就是整合的过程。

所以在高中时期，大家可以多看名人传记，观察、了解自己崇拜的人，通过模仿、体会、思考、内化，增加对自己的认识完成自我整合过程。

自我整合是成年之前的第一道坎，其涉及很多回顾和面对，但是很多人会逃避和拖延这一过程。常见的逃避方式有以下几种。

第一种，有很多人，尤其在成年之后，会以追求进步逃避回顾和面对，逃避整合。

自我整合是一个需要停下来、慢下来、向内看的过程。很多人为了逃避这一过程，会采用追求进步的方式，向前不停地努力，不停地奋斗。这听起来是一个非常冠冕堂皇的借口。追求进步无可厚非，但是每天除了追求进步，是否留出时间回顾、沉淀、面对自己，这非常关键。

第二种，过度简化自己的人生。在学生阶段，周围的环境以及父母可能都会强调，只要学习好就什么都好，或者只要能赚钱什么都好。也许别人都会这么说，但是你要思考自己是否认同这种价值观。

人在各个方面的发展都是互相制约、互相促进的。这种极度简化的人生，让很多人可以在单一的某一个方面非常快地取得突破，但是如果在其他方面很难跟进，很快就会遇到瓶颈。

第三种，随波逐流、放弃思考。这一做法和思维方式的发展有关系。

比如，你不知道世界上有盐，就不会知道盐的味道。所以，理解自己也是一个需要发展的思维方式。有很多人在离开中学之后就不再学习、不再进步，他们就需要反思、沉淀、思考，进一步培养自己的思维方式。

自我接纳不代表不思进取。自我接纳是指看清楚现在的情况，整理好自身的资源，了解自己的特点，然后再按照自己期待的方向规划自己的发展。很多人不愿意自我接纳，认为自我接纳等同于不要求进步。并非如此。比如，我知道自己注意力集中时间只有 50 分钟，我就可以选择一个需要短时间内高度集中注意力的工作，并且在发挥短时高度集中注意力的天赋的同时，开始发展自己的其他能力。可能三五年之后，我就可以拥有新的能力，怀揣固有的天赋进入下一个发展阶段。

5.5

基因检测：个人发展的蓝本是什么

大家可以拿出纸、笔以及自己之前的练习题答案，逐一进行比对，把自己的心理发展过程写下来，整合成自己的心理基因报告。

在了解自己的心理基因的过程中，有两条主要的线索。

第一条线索是人格发展线。

第二条线索是性格发展线。

人格发展和性格发展，会同时受到以下三方面的影响。

第一，内外环境的影响。

第二，依恋模式的影响。

第三，人生阶段的影响。

心智化的过程，其实是所有的心理咨询、所有人的发展的一个总体方向。心智化，可以简单地被理解为帮助一个人成为人。

大家可以想象，如果一个孩子从小在狼群里长大，他可能习得的是狼的思维方式、狼的生活方式。所以在历史上曾经把这样的孩子称为狼孩或狼人。

在讲解人格发展这条线之前，要先区分人格和性格。

其实人格与性格、内外环境、依恋模式是相互依存、难以区分的。只不过心理学研究的过程，需要将之分别提取，暂且忽略其他特质。

所以，提到一个人的人格、性格时，描述的只是这个人的不同方面。

人格，在心理学意义上更关注的是“是一个怎样的人”。性格，更多考虑的是“如何面对自己的内心和外界产生的刺激”。

如果把人格想象为不同的物品，比如一个圆球或一个正方体。人格包括木球、铁球或纸球，或者玻璃正方体、空气正方体。

性格则是，如果把这个球或正方体放在一个斜坡上，斜坡就是一个外在的刺激，球可能会滚下去，正方体可能相对难滚下去，但是如果你把坡度调得足够大，正方体也会从坡上滚下去，但是其滚动方式肯定和球不一样。并且，同样都是圆球，一个是光滑的圆球和一个粗糙的圆球，从斜坡上滚下去时，滚动的速度也会不一样，因为阻力不同。

通过这个比喻，大家就可以理解人格和性格的不同。大家现在可以在理解自己的基础上，重新回答上文提及的对人格发展很重要的四个问题。

问题一：你觉得你所处的世界和环境安全吗？

问题二：你觉得无论你是否成功，都值得被无条件喜欢吗，你喜欢你自己吗？

问题三：你是否清楚自己都有哪些能力？

问题四：关于这些事，你能做多少，做到什么程度？

这四个问题其实涵盖了儿童期之前的发展过程中最主要的四个问题，包含了基础安全感、基础信任、自尊、自信、自主性、能动性、自我协调和自我整合。

在基础安全感方面，可以回顾一下小时候周围的人是怎么对待你的，彼时你是怎样应对周围的环境的？彼时的环境和所经历的事情为你打下了怎样的安全感基础？你现在的感觉如何？你现在觉得周围的生活以及你的生活状态是否安全？比如，你是否觉得经济储备、健康储备不够，你是否觉得现在的工作可能不稳定，等等。

在自尊方面，可以回顾一下你的自我感觉。你的自我感觉是一种很平和、很平衡的，还是一直很消极？你现在自信吗？你的自主性、能动性、自我协调以及自我整合怎样？

当分析自己的人格基本发展时，可以从以上这四个基本问题入手。

分析自己的性格发展，首先要看依恋循环。依恋循环在心理上有三个基本环节或三个步骤，即表达需求、外界对此需求做出反应、自己对外界反应进一步产生的反应、产生的后果。

分析自己性格发展时，梳理依恋循环是第一步，第二步是梳理自己成长过程中的关系发展。

上文曾提及三种关系：一元关系、共生关系以及多元关系。其中，一元关系其实对应着人格发展的自尊、安全感、自信的发展阶段。

所以，如果一个人在婴儿全能期发展得很好，他跟自己的关系就会很好。

比如，有的人现在可能特别厌恶自己、憎恨自己，这就与他在一元关系里的发展有很大关系。

共生关系涉及一个人跟另外一个人之间的互动。一个人对其他人的期待是什么？如何面对其他人对自己的期待？共生关系还会涉及一个人如何开始在社会中寻找自己的位置，并且把一部分精力放在完成自我发展上。在这一过程中，人们就会开始进行自我跟外界之间的平衡和整合。

所以，在回顾性格发展这条线时，要看一看自己的每一个阶段是怎样发展的？哪里缺失了？哪里太过了？比如，自己从小到大一直都被照顾得非常好，所有的问题都由家长代为解决，这就是太过了。过度的照顾损伤了孩子的独立性和自主性、能动性。

性格发展的过程对目前的关系模式也有影响。要分析过往的关系发展对现在的影响，就需要用一个工具——CCRT 核心关系冲突主题。通过该模型可以看到人际关系中发生冲突和困难的核心所在。CCRT 可以防止人们总是掉入相同的人际关系冲突主题中，帮助人们逐渐为自己与他人的关系创造新的经验。

第三步，要把这些对自我的认知放到人生全程中看待。比如，因为一些缺失，一个人小时候的性格比较内向，但是现在周围的环境可能已经发生改变，人际关系也发生了改变，自己完全可以做出改变，重新发展或学习新的应对办法。

通过过往的经历在人生中留下的痕迹，人们可以分析出自己的心理基因。这是个人发展的蓝本，决定了一个人在人生的各个阶段如何规划今后的人生，如何找到人生的意义，并在寻找人生意义的过程中成就自己。

第六章

情商发展

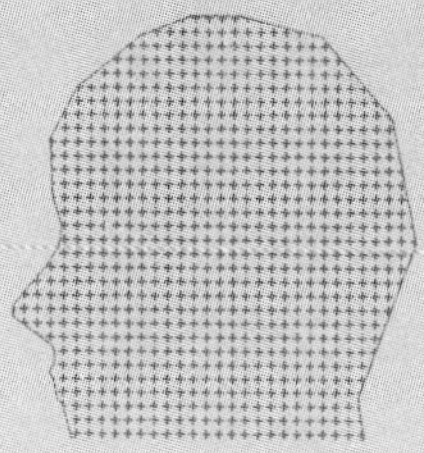

6.1

情商要素：情商是什么

本节将开始帮助大家了解真正的情商以分析自己的心理结构和心理状态。

只有可以从内在掌控自己时，我们才可以影响周围的环境。

很多人对情商都存在误解，有人会把情商简化为会说话。高情商并不只是会说话。情商不是压抑自己的情感，也不是给自己心理暗示或者给自己打鸡血，更不是做一个好好先生。

真正的情商其实包括以下三方面。

第一，真正高情商的人可以协调自己的感受、情绪和想法三者之间的关系。

第二，高情商的人可以通过协调三者使自己的内心平稳、舒服，即使独处也很舒服。

第三，高情商的人不仅能处理好自己的情绪，同时也可以体察和兼顾别人的情绪，并且有能力在双方的情绪以及交际方面找到平衡点。

平衡点的概念很重要。有很多人的所谓高情商，其实是为了满足别人、讨好别人而委屈自己。

有人觉得，我可以为别人付出，别人都愿意在我身边，就表明我情商高。并非如此。不管是过度付出还是过度索取，双方的关系实际上都是失衡的。

从平衡点的意义上来看，发展出高情商至少需要以下四种能力。

第一种，体察自己的情绪、感受自己的想法的能力。

第二种，体察他人的情绪，感受他人的想法的能力。

第三种，理性思考分析的能力。

第四种，平衡双方或多方情绪的能力。

这四种能力是累加的，有了第一种，才会有第二种，有了第二种才会有第三种。找平衡点不是一蹴而就的，可能要反复若干次，甚至双方或多方可能要反复磋商。能够拥有以上四种能力、找到平衡点的人就是情商比较高的人。

发展高情商先要分清、处理一个很重要的三者关系：情绪、感受、想法。很多人无法处理事情或情绪，是因为他们将这三者混为一谈。

感受是什么？人对外界的刺激产生的一些生理性的、生物性的反应，比如，我用针扎你，你感觉疼，这就是感受；或者一阵风吹来，你感觉冷，这也是感受；别人突然跳出来吓你一跳，你感觉心脏漏跳了一拍，血液向头上涌，这些都是感受。感受不仅包含对周围环境刺激的反应，也包含对自己内在刺激的反应。

为什么会提到内在和外在刺激？比如，有人看到一只真的老虎在他面前，他感到害怕，但是有人可能在家里忽然想起自己见过一只老虎，同样会感到害怕。所以感受包括生理性、生物性的感受，刺激可能是来自于我们自己，也可能来自于外界。

生物系统并不区分刺激是来自外部还是内部，只要有刺激，生物系统就会有反应，而且这些反应一般来说是生理性的。

情绪是什么？情绪就是人们对感受的反应。比如，周围的环境很热使身体感觉很热，手心出汗，心跳加速。情绪就是当自己的身体很热、手心出汗、心跳加速时感到的烦躁或兴奋。

情绪和感受一般会通过神经系统的周围神经系统做出反应。

什么是想法？想法就是一个人怎样理解、解释自己的感受和情绪。因为涉及理解和解释，所以想法一般不产生在周围神经系统，而产生于中枢神经系统。

所以，感受、情绪、想法，实际上也包含了周围神经系统和中枢神经系统以及大脑的协调。但是由于周围神经系统和中枢神经系统是两套系统，所以在很多时候确实会出现想法和情绪、感受无法一一对应或存在一些扭曲的情况。

为什么要解释情绪、感受、想法这三者之间的关系？

举例来说，有人拿针扎你，这是一个客观发生的事情，也叫作现实；你产生了一个生物性的感受，叫作疼。有人被针扎了，在感到很疼时甚至会产生兴奋的感觉，这是周围神经系统在工作。这个时候大脑有可能认为我被针扎了却感觉很兴奋，我是不是有毛病？其实从针扎到你感觉疼再到你产生兴奋的感觉，这一过程是自然而然的，但是大脑可能不这么认为。

协调这三者之间时最容易产生认知扭曲。想法的扭曲是我们了解自己的感受，体会别人的感受的障碍。

6.2

心理防御：如何分辨健康与僵化的防御机制

本节将介绍心理防御机制。“防御”是弗洛伊德首先在精神分析中提出的一个非常核心的概念。

可以把这一概念理解为心理上的免疫系统。

就像人们在抵抗病毒时会启动生理免疫机制一样，人们面临外界的冲突、紧张的情境，以及挫折、打击时，就会不自觉地想要逃避内心的焦虑、不安，让自己的情绪变得镇静、头脑变得理性。

所以防御机制是一种自我保护机制，防御机制最重要的功能是保护人们，使人们不会受到外界压力的伤害，也可以从一定程度上防止人在冲动之下做出不当举动。当然了，当防御机制过于僵化或者使用不当时，也可能误把一些实际上对人们有用的压力、有用的影响也挡在外面。

防御机制的存在首先是对自我的保护，即使有些防御机制看起来很笨拙，不合情理。比如，拖延症、找借口合理化自己的过失、贬低别人维护自己的自尊等，也都是在保护自己的内心。

有一本很经典的书叫作《心灵的面具：101 种心理防御》，市面上也有很多其他关于心理防御的书，大家如果感兴趣可以参看。

压抑和反向形成是两种常见的心理防御机制下面对此做个简单的分析。

第一种，压抑。

压抑其实很好理解，就是刻意忘记自己的一些感受和想法。当人们遇到很大的打击时，比如一个人辛苦做了很久的策划案却被大家批评得一无是处，他内心会非常受伤，陷入自我否定，想要大哭一场，但往往这时候他并不是先急着哭，而去重新坚持把当下的事做好，在做好了当下的事之后，再回忆当时那种脆弱的感觉，也不会觉得那件事那么难以承受了。这类“压抑”是一种很健康的防御，让人避免陷入当时的负面情绪，而且还有能力和理性先把事情做好。

第二种，反向形成。

有时候人们有某种感受出现，但是我们不愿意承认，就会用相反的方式表达。这种现象就叫反向形成。比如很多人非常害怕蹦极，但是越害怕，就越想去做这件事。

从上述两个典型的心理防御形式，可以了解到心理防御机制是如何在保护内在自我的同时影响人们的行为的。

如果发现别人开始重重防御、重重保护自己，这时候要意识到你可能无意识地触碰了别人的痛处。

而当你对别人说的一些话，让自己有特别激烈的情绪时，也就意味着别人触碰了你的痛处。

从这个意义上讲，如果在日常生活中留意自己有哪些痛处，也就同时找到了自己可以成长的地方。

当前的事件之所以令人受伤，是因为它唤起了曾经的痛苦记忆，那些没能克服、没能释怀、没能战胜的痛苦过往。

每一个记忆都可以帮助人们重新审视自我。

在任何亲密关系之中，关于爱和安全的感受都会被随之注入人们的精神并留下印记。在人生的某些艰难时刻，我们更需要回顾过去的经历，通过觉察情绪背后隐藏的未被满足的需求，找到自我成长的契机，不再把过去的问题带到当下的关系里，这其实就是情商的体现。

就像是身体弱的时候需要穿更多衣服一样，人的心理比较脆弱时，自然需要更多的防御机制，用更多的办法把内心与外界隔离开来。当一个人的内心重新变得强大之后，他自然可以放下防御，坦然地拥抱生活。

因此，防御机制除了具备保护的功能，也是一种处理信息的机制。

在理解防御机制的信息处理时，大家可以想象一下平时戴的墨镜，它可以挡住强光而保护眼睛不受强烈的太阳光的伤害，但是墨镜同时也改变了人所看到的景物的颜色。人的心理防御机制就像是人在心理层面戴的一个墨镜。

也许曾经受过伤害，于是给心灵戴上了一副墨镜。人们在经历过很多不同的事情后，也就给自己戴上了各种各样不同的墨镜。于是，他们所看见的世界，接收到的外界的信息，都经过了这样一层一层的墨镜过滤才进入大脑。

比如，殷素素告诉张无忌“越是漂亮的女人越会骗人”，张无忌也确实被初恋朱九真骗了，这就让张无忌对漂亮女人产生了预设和提防。

这样一种有色眼镜一样的防御机制，很有可能降低人们的社会适应性，也会损害人们的社交，损害人们对世界的认识。

但是，心理防御系统处理信息并不都是损失的，其也会帮助人们提高适应性，也就是提高情商。这种防御机制，被称为成熟的防御机制。

举个例子，在日常的工作生活中，大家都有过压力特别大的时候。一般来说，一个人只有在这时降低对压力的敏感度，才能更好地度过这段黯然时光。

降低对压力的敏感度有两个相对应的心理防御机制，一个叫否认，另一个叫压抑。

否认是完全当这些压力不存在，假装感觉不到自己有压力。压抑是知道自己压力很大，也知道自己很累，但是仍然鼓励自己先咬牙熬过去。

通过假装看不到真实的状况、回避压力，内部消耗很大，心理代价很高。但是通过暂时把注意力都集中到解决问题上，之后再处理自己的情绪，可以帮助人们更好地适应压力环境，提高个人的适应性，以及与他人相处时的情绪稳定性，这会直接影响到个人是否可以平和地处理问题、经营与对方的关系。

所以，心理防御机制的成熟很重要。成熟的心理防御机制有助于提高个人情商。

人在刚刚出生时，是没有穿衣服的，爸爸妈妈会帮他们穿上衣服，冷的时候帮他加衣服，热的时候帮他减衣服，然后渐渐地他也就学会了什么时候应该穿什么衣服，并且知道自己喜欢什么样的衣服。

同样，在刚出生的时候，人们的心理也是裸露的状态，也需要很多的保护，然后在成长的过程中慢慢变得越来越强大。

在成长过程中，人们的免疫系统会接触各种各样的细菌病毒，逐渐产生抗体。人们还会通过打疫苗完善免疫系统。一个人的免疫系统实际上记录了他曾经接触到过的病毒、病菌以及生过的病，等等。心理免疫系统即心理防御机制，也很类似。

小时候的经历，不管是挫折，还是巨大的冲击，都会在人们的心理防御系统里留下痕迹，所以对于同样的情景，不同的人会有不同的反应。拥有不同的心理防御机制可以被理解为人内心产生的不同抗体。

很多家长对孩子过度保护，不敢让孩子经受任何挫折，看不得孩子受一点点苦，其实就相当于把孩子从小养在无菌病房里，孩子的心理免疫系统就没有任何的抗体。

心理免疫系统如何应对外界刺激，就体现为人的性格，也就是一个人倾向于用哪些防御手段组合防御外界的压力。这是性格分析中非常重要的一环。

判断一个人的心理免疫系统即防御机制是否健康有三个标准。

第一个标准，一个人的心理防御机制是否能够帮助他更好地看清现实。

举个例子，一个人面对困境时，至少可以有两种选择：第一种是他看清楚了这个困境，但是仍然鼓励自己面对；第二种是假装这件事情没有发生，继续原来的行为。第一种是看清现实，第二种是自我催眠、扭曲现实。如果一个心理防御机制不能帮助人们看清现实，反而扭曲现实、鼓励人们活在幻想中，这个防御机制就是不健康的，也是非常危险的，因为它让人逐步脱离现实而封闭在自己的世界里。

第二个标准，一个人的心理防御机制是否有助于发展他对外界的适应性。

举个例子，比如很多人在日常生活中都曾面临无力感和无能感。此时，一个具有成长性的面对方式是，接受那些自己不能控制的，然后增强自己的能力，控制好那些自己能掌控的。但有一些人会通过指责别人获得控制感和优越感，抵御自己的无力感。这样的防御方式，只是给人带来拥有控制感的幻觉，转移了注意力，并没有真正解决无力感，发展出对外界的适应性。

心理防御机制的适应性还会受到其敏感度的影响。有的人会对别人的看法、周围的环境过度敏感，有的人过度把自己封闭在内心世界里面，仿佛周围的一切事情对他都没有影响。这种过于敏感或过于迟钝的心理防御机制都会影响人们发展适应外界的能力。

第三个标准，一个人的心理防御机制是否灵活多样。

灵活多样的意思就是面对不同的压力，可以有不同的处理方式，甚至面对同一种压力，也可以有不同的处理方式。心理防御机制的多样性和灵活性是其健康程度的一个重要指标。

只有充分了解了自己的防御机制，才有能力理解自己是怎么处理关系的，才能进一步思考该如何发展自己的情商。

理解了人的心理防御机制就像戴了有色眼镜一样，使人们对外界的理解都是经过过滤的，因此人们所看到的并不是事实的全部。人与人之间容易产生矛盾的一个很重要的原因是各自都认为只有自己看到的或自己理解的才是对的。

当人们对自己内心处理信息的方式有了了解后就能明白，自己看到的并不是事实的全部，而包含了自己过往经历的影子，别人看到的也同样不是事实的全部。人们各自看到的世界，反映的都是各自过去的人生经历。一个人在重新分析自己的人生经历并获得不同的理解后，才能慢慢摘下有色眼镜，人生才会更真实、更开阔。

这样，人和人之间就有了一个很大的空间和宽容度。如果能理解到这一点，其实很多人际矛盾、冲突就不会发生。慢慢地，人们也不会那么在乎别人怎么看自己，自己也会少了很多对别人的埋怨和批判。

6.3

共情能力：如何理解情商的心理意义

本节通过谈论共情，帮助大家了解情商的真实心理含义。

人们都会希望自己有高情商。在此向大家提供一个公式，以此分析情商在日常生活中运用的方法，分析自己在日常生活中遇到的场景。

日常生活出现问题时，首要的是解决这个问题。这一过程可以被拆解为四点，变成一套公式。

第一，是否能了解、理解自己当下的状况？

第二，是否能了解、理解他人，尤其是他人的背景、他人在某一事情中的状况以及想法？

第三，是否可以清晰地知道正在发生的事情到底是什么？比如，两个人看似正在拌嘴，他们是真的在拌嘴，还是还发生了其他的事情，或者拌嘴只是他们解决问题的手段。

第四，在了解自己、了解他人以及清晰目前的状况后，找到问题的症结。

做到以上四点，也就自然而然地走到了公式的另一边，顺利解决了所遇到的问题。

这一过程看起来并不复杂，为什么会和情商有关？

举个例子，做家庭咨询时，我经常遇到家里有三四岁的小孩的客户，这个年龄段的小孩其实并不非常清楚自己所经历的事情、自己的感受、自己的想法，可能对很多事情并不会思考太多，而是依靠本能做出反应。比如，孩子如果在和小朋友玩时被欺负了，他的第一个反应很可能是向妈妈哭诉。但是孩子又无法很清楚地表达，所以如果他想被妈妈理解，最简单的做法就是打妈妈几下。

很多孩子在发脾气、不高兴时都会挥舞着手打周围的人，推开周围的人，这是他们的一种表达方式。他想让别人理解自己被人打的感觉，又说不出来，所以只能如此。

这个时候，妈妈如果不够敏感，可能关注的就不是孩子要表达的情绪，而是孩子打人这个行为。她可能会说："你怎么可以打妈妈，你不可以打妈妈，你知不知道打人是错的？"

孩子可能因此感觉更委屈了，因为本来孩子很信任妈妈，想跟妈妈沟通，也希望可以获得妈妈的支持，但是他无法控制这种沮丧、委屈、着急，他也很着急，所以才开始对妈妈发脾气。他想和妈妈沟通。如果这个时候妈妈只把注意力集中在他打人的行为上，孩子就会觉得自己完全不能被理解。

如果妈妈不去指责他打人不对，而是问他是不是很难受，孩子就会感觉自己被看见了，也被理解了，这样他可能就不再需要打人，可能就会慢慢尝试着表达出事情原委。

在孩子感觉自己被看见、被理解了之后，妈妈就可以慢慢地抚着他的背，跟他讲道理：妈妈现在知道你很难受，下次你可以跟妈妈讲你很难受，而不必打妈妈，你打妈妈，妈妈也会很疼，但是如果你跟我说，我就会知道你很难受了。

这样处理下来，妈妈就教给孩子一个办法：可以通过语言让妈妈明白发生了什么事情。而且妈妈让他明白了自己所经历的感觉就叫难受，下次产生同样的感觉时，他就可以直接告诉妈妈。

这其实就是一个人情商形成的过程，心理学上对应的术语是“镜映”。父母像镜子一样，照射出孩子内心的感受，孩子看着镜子里的影像，就会知道自己的样子。这也就是父母把自己处理情绪的方式内化给孩子的过程，是心理遗传的过程。

这一示例同时出现了高情商解决问题的四个步骤。

第一步，妈妈很了解自己，了解一个孩子被如此对待时很难受，但她不会对孩子发脾气，不会认为孩子不应该这么做，而是能识别出是自己觉得不高兴，这会让妈妈拥有了解别人的能力。

第二步，妈妈会想“既然孩子让我不开心，一定是孩子也经历过不开心”，所以她会主动了解孩子到底经历了什么。

第三步，妈妈能认识到目前发生的事情是孩子想对自己哭诉，但是他说不出来，进而会去探寻背后的问题。

第四步，妈妈能意识到孩子并不是因为讨厌她才打她，真正的问题是他不知道怎样表达自己。他希望被妈妈理解，并且想要找到正确的表达方式。当他能梳理清楚这个问题之后，自然就可以解决这个问题。

所以在面对问题时，不仅要看到发生了什么，不仅要看到对方的行为，也要看到对方的动机。

当明确了对方的动机，人们的行为自然就会做出适当的应对。

再举个例子，假如某晚上你要和几个人应酬，其中有一些人是和你有潜在合作机会的行业翘楚。某人喝多了，开始不断吹嘘自己曾经跟知名人士合作过。你听他吹嘘，内心非常不爽，不断问自己为什么要在这里陪这个人吃饭、听他说这些，他是在找存在感吗？你开始烦躁，甚至想要发作，觉得自己被欺负，被针对了。

针对这个场景，运用上文给出的解决问题的公式分析一下怎样高情商地应对这一场面。

第一步，要了解和理解自己。自己可能很讨厌酒局，也很讨厌听别人吹嘘，也不想被别人压一头，虽然他是知名人士，可自己在所属专业领域也小有建树。

第二步，要理解其他人。这个知名人士，很有可能实际上在日常工作中压力很大，平时可能也被其他人压着一头，在工作中也会遇到各种各样的问题，甚至还有可能有些更知名的人士不愿意跟他合作，项目推进也非常不顺利。

吹嘘自己可能正好反映了他的内心压力也很大，也很自卑。当然，吹嘘是一种低情商的行为，因为会让别人感觉不快。但是如果要理解他，就可以将这一行为理解为他不过是利用喝酒的机会宣泄自己而已。

第三步，要明白目前正在发生什么。目前正在发生的事情可能是他想让你跟他合作，他也有可能在试探你是否愿意跟他合作。这个时候你要想，饭局酒局到了这一步，应该怎样顺利进行下去。也许他以为吹嘘可以争取到你的合作，也许他本心不坏，只是用错了方法。

其实很多人在这一步并不会做这样的思考，有的人可能会觉得，虽然我很想和你合作，但是你现在让我很不爽，于是我也要让你很不爽。还有的人会想，这人平时这么厉害，原来一喝酒是这种德行，这个人有问题，这人的人品不行，格局低，我不再跟他合作了。

还有的人可能会想，凡是让我不舒服的人，我都不会跟他合作。甚至有的人会在酒局上跟对方吵起来，可能会戳穿对方，自己一时爽，但是你们之间的关系可能就这样被毁了。

第四步，处理当下问题的时候，还要能找到真正的问题。而要找到真正的问题，先要理解别人的目的和自己的目的。

如果你的目的是和他合作，这个时候你就要考虑，合作之后给自己带来的益处和现在跟他吵起来得到一时的满足感，到底哪个更重要。如果你觉得合作机会对于你来说更重要，可能就会觉得这件事情对你来说也没什么，听别人唠叨两句，你也喝两杯，其实也没有什么问题。所以，在别人吹嘘、试图压人一头的时候，我们不一定要还嘴，而是要思考一下此时彼此的目的是什么。

你要根据这个目的，找到中间的路径，既让自己舒服地达到目的，也让对方有台阶下。但是有很多人在这个时候会气血上涌，纠缠细节。比如，他也知道自己很想和这个人合作，但是自己就是觉得他的某句话自己忍无可忍，就一定要跟他吵。道理都懂，可是有的时候就是做不到。其实很多人最后无法高情商地解决某个问题，原因就在于此。当被一些并不重要的细节触及敏感点的时候，他们就会跳起来，而忘记自己真正想要的是什么。

6.4

情商的发展与形成：如何理解自己又看透别人

本节将介绍情商的发展过程。

你可以想象一下以下三个场景。

第一个场景，你不照镜子化妆，会怎样？

第二个场景，试着闭上眼睛，打开衣橱找衣服穿。通过触摸和你对衣服的熟悉程度，从衣橱里找衣服，并且把这些衣服穿在身上，穿完之后想象自己的样子。

第三个场景，闭上眼睛，触摸你身边的一个物件，通过你和物件的接触，描述出它的样子。

体会完这三个场景，你可能慢慢会有一些感觉。

不用眼睛看的时候，根据过往的概念、感觉，人们也可以对这件事情的最终结果有一个想象。但是直到人们照镜子的时候，可能才会知道刚才凭感觉画眉毛的时候，两边还是有一点点不对称的。

这就是镜子的重要性，镜子可以让人看到自己真正的样子。同样，当人们看一些文学作品或影视作品时，会对其中一些角色产生共鸣。这些共鸣很多时候会让人有这样的感觉，比如，我认为自己和某个剧中人物一样是很正直的人，但是在剧中这个很正直的人在别人看来可能冷若冰霜、高高在上，于是我就会想，啊，我自己平时给别人的感觉可能也是这样的。

上文所述都是一个人通过镜子或者通过别人知道自己真实的样子，这对应的是情商中“自知”的部分。

在情商和人格的发展以及个人发展的过程中，镜子其实就是别人对我们的反应。设想，如果你从小照的镜子都是哈哈镜，你对自己的样子就会有认知上的偏差，而且这一偏差会一直影响你。

等你长大之后照到正常镜子的时候，反而会觉得不适应，反而会觉得正常镜子照出的自己好像很奇怪，并不是自己曾经见过的自己。

这就可以解释为什么如果你从小到大周围的环境对你不友好，所有的人可能都对你很恶劣，那么即使你有了自由度，你仍然会不自觉地和这些人继续交往，因为你已经习惯了这一模式。

这时，如果一个人对你好、尊重你，你反而会无所适从，觉得好像哪里不对。

同样，如果你从小到大照的是哈哈镜，你自己也有可能长成一面哈哈镜。

于是，如果你是哈哈镜，在你眼中的他人其实都是变形的，你可能会把他们变得很小，也可能把他们放得很大，总之你眼中看到的都不是真正的他人。而由于你是一面哈哈镜，那些从小到大照正常镜子长大的比较成熟的人，自然不愿意照你这面镜子，他自然不愿意跟你交往，因为你给他的反映可能都是扭曲的、变形的。

而如果你有孩子，你照出来的孩子的样子，可能也是变形的，这也会影响孩子对他自己的认知。所以，大家就可以慢慢理解，如果从小照的都是哈哈镜，会对自己产生怎样的影响，如果自己就是面哈哈镜，也会影响自己如何看待别人，如何理解别人，以及会在身边聚集起来一些怎样的人。

大家可以从以下角度理解情商的发展。

在精神、心理独立之前，也就是在心理断奶，离开原生家庭之前，情商发展水平受限于周围的环境。别人对你的反映就像一面心理上的镜子，你从小到大觉得自己长什么样子与你周围的人对你的反映有直接关系。

现在可以试着回忆一下，从小到大你周围都是一些什么样的镜子。看一下这些镜子可能会在哪些方面夸大或贬低自己真正的形象；然后再检查一下自己对自己的理解以及对周围的人的理解，由于这些镜子的存在而可能产生哪些偏差。如果可以把这些偏差找出来，就自然可以找到在情商发展路上遭遇过哪些绊脚石，以及现在可以怎样处理这些事情。

把周围的人对自己的反应比喻为心理镜子，我们就很容易理解周围人的情商水平会如何决定你的情商水平。周围的人如何跟你互动、跟别人互动，也会影响你的互动模式。

比如，如果从小到大，你的哥哥都见不得你高兴，你可能就认为你的高兴会导致别人的不高兴，或者你误以为这世上没人会为别人的高兴而感到欣慰。在这样的环境下长大，你的脑海里就不会存在这样一种关系模式——我会真心地、由衷地为别人的进步感觉到欣慰。

哈哈镜也好，正常的镜子也好，都可以是一个人小时候生活环境的比喻，也就是原生家庭。

所以如何让自己看清楚原生家庭对自己的影响，了解它的局限性，并且逐渐摆脱原生家庭的影响，可以帮助一个人扩大认知，扩大他对周围世界的理解。如果能从别人身上看到人与人之间不一样的交往模式，人们就能逐渐摆脱哈哈镜般原生家庭的影响。我们可以做到了这一点时，自然就能理解更多事情，并且更好地理解自己。

大家可以通过镜子这一比喻慢慢梳理在自己的情商发展过程中，到底都被什么样的镜子照过，这些镜子如何影响我们对自己的看法，以及期待别人如何看待自己。如果能把这一部分梳理清楚，在日常交际之中，就会拥有更好的理解自己和他人的能力。有了这个能力后，在平衡日常生活中的事情上，就会变得更加游刃有余。而这个过程也和依恋循环的过程很类似。所以大家可以从情商发展的角度重新审视自己的依恋循环。

依恋循环主要指人们跟外界之间的交互。你可以从照镜子的角度看，当你进行交互时，外界照出来的你的样子是怎样的，它会怎样影响你对自己的看法，以及它会怎样影响你对他人反应的期待。

6.5

人格成熟：如何让情商成为高级平衡力

本节会对人格成熟跟情商的平衡能力做更详细的分析。

其实高情商是人格成熟之后的一种必然表现，所以如果在人格不够成熟的情况下单纯追求高情商的发展，是治标不治本的。

那么，人格成熟有些什么表现呢?

前文说过一个人完成自己的发展与治愈，达到人格的成熟，就会有一个表现，这个人可以有意识地做出判断和选择，并且可以承担相应的结果。

那么现在，这句话可以从以下两点来理解。

第一，能够理解自己的过去，并且可以明确自己的立场。

如果一个人可以做到有意识地判断、选择，可以获得选择权，获得主动性，就意味着他不再受到过往的经验、情绪的局限，明白自己是如何被过去的心理模式影响的，明白自己的局限性。他可以在通盘考虑的基础之上做出判断，明确自己的目标和立场，然后再做出选择。

第二，有能力分析结果。

有的人可能没有这样的分析能力，稀里糊涂就把事情做了，到最后才发现很难接受结果。而一个人格成熟的人可以分析出自己不同的做法、选择可能带来怎样的结果以及这些结果之间的差异，自己需要做什么、付出什么以承受这些结果，自己的承受能力如何。

做到以上两点，要求一个人有勇气睁开眼睛、看清楚结果，而不是凭空想象结果。很多人在做决定时，都是基于冲动或想象，甚至基于侥幸心理，觉得可能这次不会出问题，可能这一次结果会变好。

有意识地做出判断和选择并可承担相应的结果，是一个人人格成熟的标志。例如，我可能知道这些事情成功的概率有 60%，失败的概率有 40%。我如果觉得这个比例可以接受，也许就会做出这一选择。因为我明确知道成功的概率只有 60%，所以我也会事先制定预案以防那 40% 的失败发生。如果我认为失败出现时我有一套方案可以应对，并且我可以承担这一失败，我才会做这个选择。

人格成熟后高情商自然就会出现。情商，就是一种很高级的平衡能力。当然，培养高情商的过程，其实也是一个有意识地促进自己人格成熟的过程。

情商作为一种高级平衡能力，主要体现在以下两个方面。

第一，感受、情绪、想法之间的平衡。

第二，自己与他人，与外界之间的平衡。

要做到感受、情绪、想法之间的平衡，就要涉及自我功能。自我功能，在心理学上指的是人内心产生的一套平衡机制，被用于平衡外界对自己的要求跟自己内心的想法。

比如，一个人在高速公路上突然想上洗手间。“想上洗手间”是他内在的一个需求，而外界对他的要求是不能马上把车停在路边，因为这样做会很危险，也违反交通规则。

这个时候他的自我功能就要调节这二者之间的矛盾，怎样才能既符合外界要求，同时又不压抑自己的需求。

在这一过程中，很重要的一点就是要看到自己更容易被什么控制。

比如，有的人会被感受控制，一点疼痛都会让他很惊慌，或者气温稍微高一点就会让他觉得受不了。有的人可能会被自己的情绪左右，一旦情绪上来了，就会不管不顾。还有的人可能会被自己的理性想法所控制，一旦有问题出现引发了他的情绪，他的第一反应是压制住这些情绪，保证自己很理性、很体面地处理问题。

以上各种处理方式都没有做到很好的平衡。想法过多实际上就会压抑人的很多感受，而感受的作用点在身体上，如果对自己的感受和情绪非常迟钝，甚至有意隔离感受和情绪，人就很容易在身体上出现各种各样的问题。

过度被情绪和感受所控制也分两种情况。

第一种情况，如果能够发觉自己的情绪和感受并花时间释放它们，健康风险就会少一点，但是由于缺乏理智，社会功能、工作、人际关系可能并不会发展得非常好。

第二种情况，如果能够识别自己的感受和情绪，但是又不知道如何释放，就会被这些感受和情绪所控制，从而做出很多冲动的行为。并且因为无法调节自己的情绪，在做出理性行为、与别人沟通、与别人协作的过程中，就很难获得比较理想的结果。

被感受、情绪和想法三者中的任一方面所控制其实都是失衡的。

提高情商就是要通过不断练习掌握三者的平衡。

如果想法和理智过度控制你，你就要有意识地锻炼你的感受。比如，你可以有意识地做一些做一些身体方面的活动，迫使自己的大脑停止思考，而全身心地感受。

反之，如果你容易被情绪所控制，就要刻意练习分析能力，包括刻意学习批判性思维、分析方法。同时，还需要增加自己的耐受程度。对于被情绪控制的人而言，分析问题的过程也会让他们产生很多情绪，比如挫败感等。分析的过程也跟他们以往随性而动的处事方式不同，他们可能会觉得很难、很无聊。所以容易被情绪控制的人也需要练习增加自己对理性思维过程的耐受程度。

对于理性过强的人而言，情绪可能令他很痛苦。如果想要达到平衡，就需要增加自己对情绪的耐受程度。

这是一个通过发展情商了解自己，并且把自己理顺的过程。这一过程在开始时会非常耗费时间，因为这实际上是在学习一个新技能，要给自己一定的时间慢慢练习，慢慢适应。

情商平衡力的第二个方面是自己与他人之间的平衡，与外界之间的平衡。

很多人会说，他们想要有一段平等的关系。

举个极端的例子。平等的关系，就是如果你们二人要一起去做一件事情，你只能做到50分，留下另外的50分内容让对方完成。很多人可能在人际交往的过程中，要么等着别人为自己付出，要么为对方过度付出。不管是等着别人做，还是自己愿意多承担一点，都等同于关系的失衡。所以如果想拥有一段平衡、平等的关系，就必须控制住自己想多做或者少做的冲动，而只做自己应该做的50分。

当然，人际关系的复杂程度远远高于这一比喻，所以在实际的生活中，平衡的关系并不意味着事事均等，而是一个动态的平衡。

关于人际关系的平衡，以下几点值得注意。

第一点，共情能力，即我是否可以真正看到对方的诉求和心理动机。

此处介绍两个锻炼共情能力的方法。

方法一，设想自己的灵魂住进对方的身体里的感觉。例如，你开车上下班，此时你可以想象一下如果自己是挤地铁通勤的同事，到公司后你的情绪是怎样的。

再比如，如果你回家后只需要面对一个人，那么想象自己是那个回家后要面对六个人的同事，而后你就会意识到他的压力比自己大得多，你就会明白为什么上班时他不像你那样精力充沛。

方法二，进行改写练习，比如尝试改写《三国演义》。《三国演义》是以将刘备作为正统的眼光展开的。设想如果你是孙权，会怎样看待另外两个国家，你是否认同刘备是正统而将吴国拱手相让。如果你是曹操，你是否认为另外两个国家是在挑战你的权威。试着用这种方法改写《三国演义》，当你可以做到这些的时候，自然就会开始理解共情。而当你拥有共情能力的时候，自然就能洞察对方的诉求和动机。

第二点，在体会对方之后，还要明确自己的目标和底线以及在目标和底线上的灵活程度，这就是知己知彼。做到知己知彼之后，才能开始调节二者之间的动态平衡。

干扰动态平衡的因素很多，比如心理上的有色眼镜。因此，要保持动态平衡，就要预判可能干扰动态平衡的因素。

比如，我独处时的状态很好，但是一旦有人和我在一起，或者一旦别人说话声音大一点，我可能就会被吓得像小兔子一样，不敢说话。于是就能总结出声音可能会对我跟别人相处有很大影响。

或者在跟别人交往的过程中，别人必须遵照我的要求，否则我就会很难受。这样我跟别人的交往就不太可能是商量，而会变成争执。此时，交往合作中的问题就很难完全得到解决。

第三点，找到双方诉求的平衡。

在平衡和周围人的关系时，需要留意双方的心理诉求，从而利用解决问题尽量满足双方的心理诉求，而不仅仅是解决问题。

人际关系的平衡并不意味着双方都要对最后的结果的满意度是100分，而是把双方对结果的满意度都控制在60～90分。有很多人认为自己情商低，也许一个潜台词是，我认为只有双方都100%满意，我才算情商高。并非如此。

第七章

心理健身

7.1

进阶地图：如何计划阶段性转变

本节开始进入心理健身房，绘制让心理更加健康所需要的进阶地图，以及了解如何改变。

以下几个原则可以帮助大家更好地规划系统性转变，并且规避转变之中可能出现的困难。

第一个原则：认知的改变必须有行动的跟进。

很多人都有一个误解：心理咨询追求的是戏剧性的一朝顿悟，认为只要一朝顿悟，人生就会从此与众不同。有时确实如此，但是顿悟之后的改变是有前提的。前提之一是在顿悟之前，已经经历了长期的自我觉察。顿悟是一个从量变到质变的过程。另一个前提是，在理解发生改变之后，行为也必须随之改变。仅仅顿悟一些道理，人生不会就此改变。人生的改变一定是长期自我觉察、自我规划以及采取改变行动后逐步产生的结果。

记住，认知改变引起的人生改变，必须以行动为保障。

第二个原则：在进行刻意练习时，要有意识地选择更困难的路径。

改变一定不是一件舒适的事情，因为改变就是要走出舒适区。所以开始改变，并不会让你感觉良好，甚至会有一段时间会让你感觉更不好。

比如，你决定开始健身，至少需要付出每周两个晚上的时间。在这两个晚上，你不能跟朋友玩，你的饮食规律也会发生改变，任何的改变都涉及走出舒适区。

因此，在进行刻意练习的时候，要有意识地选择更困难的、更不熟悉的路径。

但是可以练习的时候要循序渐进，不需要每一件事情都做出改变。

你需要选择一条略微超出舒适区的路径，不是突然做出180度的转变，而是做多个20度的转变。

比如，一个从来没有做过深蹲的人，不可能一下就做200个深蹲，需要从 20 个深蹲开始，一个月之后可能变为 50 个，再往后可能会变为 100 个，形成一个循序渐进的过程。

当然，有时选择更困难的路径并不一定需要高度自律。比如，如果你是一个习惯紧张的人，那么你的刻意练习可能就是练习娱乐、放松，练习在一天中找出娱乐时间，甚至练习在玩时不要想着工作。对于习惯紧张、特别僵化的人来说，练习娱乐、放松同样属于走出舒适区。

第三个原则：养成的习惯不可能在一天之内改变，也不需要在一天之内改完。所以在规划改变及改变的过程中需要有耐心，需要理解自己、宽容自己，但同时也要有一定的自律。

比如，你想改变自身存在的几个问题，于是计划每天都要确保这 10 个问题不再出现。

但是这些是已经积累了二三十年的习惯，不可能也不需要在一天之内改变。正常人不可能在一天之中应对这么大的压力，只能计划每天至少练习更正 4 个问题。其余的，过去怎样，现在就怎样。

第四个原则：越早期的影响，转变所需要的周期就越长。

如果影响来自于小时候，尤其是来自于 5 岁之前，改变的时间就会更长。所以，改变要从最容易执行的事情开始，也就是说，要做今天就能开始做的事情。

比如，如果你上个月由于压力大而开始喝酒，这个月戒酒可能很容易，因为这一习惯刚刚形成了一个月。但是，诸如基础安全感、自信、自尊等核心问题，其转变时间就会比较长。一般来说，如果一个人开始刻意转变，并且可以得到一定帮助，底层逻辑的改变可能需要两三年左右的时间。了解了这一点，改变过程可能就不会充满焦虑了。

在当下的每一天，要做的就是从问题的最表层入手，一点点做出改变。

第五个原则：当决定从何入手后，要做的只是每天坚持。

让其余的事情顺其自然，这一点非常重要。很多人明确自己要转变，也明白要从小事做起，也愿意循序渐进，但是总会有很多其他的事情打扰他们，比如今天的状态不太好。

有的人认为必须一切条件完备才可以转变。当一些情绪影响自己时，你要记住第五个原则，当决定从何入手后，要做的只是每天坚持。比如要开始锻炼自我觉察，目标是每天打坐10分钟，那么要关注的是完成这一行为。完成比高质量完成更重要。

当转变的路上出现障碍的时候，上述五个原则可以帮助我们把刻意练习、心理健身坚持下去。

7.2

心理基因报告：如何评估心理基因的表达方式

本节将介绍依恋循环和心理基因表达在日常生活中的表现形式。

在日常的生活中，你是否感觉自己很难坦然地接受别人的好意和照顾？你是否觉得别人照顾你、对你有好感、对你好时，你会惴惴不安，觉得自己需要把人情还回去，或者担心或怀疑对方有所企图？面对别人对自己的付出，你是否会感觉有压力？这些表现意味着自尊、信任以及安全感可能存在缺失。

在做一件事情的时候，你是否会尽量避免对结果有所期待，认为这样就不会让自己失望？在日常工作中，是否计划总是很容易受到影响？

一旦发现计划有变，你是否很容易感到焦虑或生气，或者当感到事情不在控制之中时，你会有什么感觉？你是否很容易觉得周围的人会联合起来欺负你？是否觉得孩子作业做不好是为了气你？老公回来晚了，是成心让你不高兴？老婆在别人面前开个玩笑就是存心不给你面子？这些问题都可能跟自尊和安全感有关系。

你是否觉得为了满足自己的需求而对别人提要求很难？你是否觉得直接陈述自己的想法和需求是很困难的事情？有很多人会尽力避免直接表达，而是拐弯抹角，很间接地陈述想法和需求。

留意自己的思维方式。你是否在遇到事情的时候总是不自觉地在内心批评自己，或者总是想分一个对错，总想深究什么是对的，什么是错的？如果一件事情很难判断对错，你可能就会很难受？或者如果你没有办法找到一件事情的最优解，你就会觉得这件事情难以推进？你是否经常在内心责怪自己、指责自己，或者别人的行为，你都觉得是在要求你、在指责你？

在亲密关系里，如果看到朋友、爱人身边有更好的人，你是否觉得很羞愧？是否觉得这个朋友可能不想再跟你相处了，或者担心爱人会就此离开自己？

这与羞耻感、自尊和安全感有关系。自尊、羞耻感和安全感没有疏通，导致在面对事情的时候容易采用二分法，对事情的理解非黑即白。

在与人相处的过程中，如果有些事情进行得不顺利，你是否有想发火的冲动？如果有的话，这和自尊调节，以及如何控制毁灭性的冲动有关。

你是否很容易对电视剧、网文或食物有一些短期或长期的上瘾的可能性？短期或长期有所区别。如果正在面临生活的变化，面临冲击，短期使用这些事物调节情绪，这就属于情绪调节的过程。其表现为，一旦渡过难关，就会回归正常，不再需要这些调剂。但是如果上瘾行为超过三个月，就要考虑自己可能在依恋方面存在失调。

如果存在上述特点，就要对依恋部分进行调节。依恋部分是比较底层、比较核心的心理特征，调整依恋部分所需要的时间比较长。

你平时是否会感到自我控制能力不足？这可能会跟自我信任、情绪调节能力有关。

你是否有些时候觉得乐极容易生悲，所以尽量不让自己得意忘形，甚至不愿意让自己成功，不让自己感觉到快乐？这些也跟安全感、信任感和自尊有直接关系。

在跟别人交往的过程中，尤其是跟爱人交往的过程中，你是否会希望对方可以在你什么都不说的情况下就能猜透你的心思？这可能跟共生期的需求被过度满足或不被满足所留下的心理层面的固着有关。

上述问题大多源于0～4岁这一阶段的心理营养缺失。如果上述问题与你的相似度比较高，你可能就需要花更多的时间和精力从情绪调节、自尊、自信入手，在这三个问题得到一定解决后，再攻克信任感、基础安全感和依恋层面的问题。

在4～6岁、6～12岁阶段，心理营养缺失较多会产生如下表现。

在日常的工作中，你是否很害怕发起一些项目，担心别人的不赞同会让你下不来台？你是否在遇到问题或困难的时候，有些时候希望自己能暂时消失，能躲起来？

你会不相信自己的能力和判断力吗？是不是在具体做一件事情的时候，会觉得自己很难贯彻完成，很多事情可能都是刚开头就不再继续，做事情总是虎头蛇尾，经常有很多事情悬而未决？

在日常的工作中，你是否经常不知道自己想要什么，也不知道自己想要达到的目的，但是却觉得每天的工作生活很忙，根本没有时间考虑这些事情？

上述问题跟自主性、能动性有很直接的关系。而且在自主性、能动性之下，埋藏的其实是自尊的问题。

比如，害怕发起项目可能是因为怕下不来台，这就是自尊的问题导致能动性受到了一定影响。

你是否有时会害怕自己的言行举止会让别人不舒服、会得罪人？你在做事情时会对结果感到很悲观，觉得提不起精神、有拖延？同时，你可能觉得处理与上司、同事、朋友的关系很麻烦？

比如，在朋友圈子里，你可能会有机会把一个朋友介绍给另外一个朋友，可是每次当介绍他们认识后，你都或多或少感到失落，在潜意识里面隐隐约约觉得他们最后就会变成很好的朋友，而把你晾在一边。

上述问题大多源于 4 ～ 12 岁，开始建立同伴关系时遇到很多挫折，比如从小被孤立，或者从来没有人站出来为你说话。

这一时期属于俄狄浦斯期。俄狄浦斯期的问题是一个三角关系的问题，也就是说，关系中有另外二人同时存在时，这一关系带来的情绪影响以及相应的处理方式。这并不仅仅体现在跟父母、伴侣的关系上，也体现在日常的生活工作中。

能否将一件事情贯彻执行直至完成，反映的是在 6 ～ 12 岁，也就是小学阶段时，心理韧性、意志力发展的过程。能否在这一过程完成韧性发展，决定了一个人是否容易放弃，遇到困难就退缩。

青春期则面临自我整合的问题。

你是否知道自己是一个怎样的人？你是否对自己的人生有一个基本的定义？你是否觉得人生值得一过？什么对你来说有意义？你知道哪件事情更重要，哪件事情相对不那么重要？如果用 500 字形容自己，你会如何描述？

经过梳理，过往的心理基因就会呈现出来，包括过往从周围环境、父母身上传承的处理事情的方式在成年之后的具体表现。当找到那些与当下非常吻合的表现时，也就意味着找到了日后需要刻意练习、慢慢改变的地方。

7.3

健身工具：如何使用心理健身房

本节正式介绍如何使用心理健身房。

很多人都听说过，如果一个人想学武术，师父会让他花两三年的时间练习基本功。这些基本功可能很枯燥，比如第一年需要扎马步、砍柴、挑水。东京的寿司之神培养弟子时，开始后的10年的时间都只是让弟子学习做米饭，学会把寿司米做成很好的饭团。

基本功，需要练习的时间最长，并且影响也是最大的。基本功扎实，学招式就会变得很容易，进步一日千里。

转变基础安全感、自信、信任感、自尊等心理上的底层特质需要的时间最长，而一旦完成转变，影响也最深远。

所以在此介绍一套打造强大的内心基础的锻炼方法，锻炼自信、信任感、安全感、自尊以及分析能力。

第一点，自信和信任感。

自信和信任感的发展，会促进安全感的建立。也就是说，当开始逐步建立对自己的信任，逐步能够依靠自己时，安全感也会随之产生。

人最基础的安全感主要来自父母，如果小时候有幸得到父母恰当的照料，安全感就会发展得很完整。如果父母没有在孩子幼小时给孩子足够的关注，孩子的安全感发展可能就会受到一定阻碍。而人在成年后，安全感则需要依靠自己建立。很多人在找工作、找伴侣甚至在带孩子的过程中，都试图把工作、爱人、孩子当作自己的父母，试图从他们身上找到安全感。这一行为往往就会产生很多生活悲剧。

所以成年人需要发展出对自己的安全感和对自己的信任。

很多人在建立自信的时候，都会以为自信就是可以站在台上很有力量地说话，但做到这一点并不代表这个人就自信。

自信其实来自于真正完成的事情，比如，我一天可以写1000～2000字，那我就会对此充满自信，不会贬低自己，认为自己每天只能完成 100 字，也不会吹嘘自己每天可以写 1 万字。因为长久以来每天都可以写 1000 ～ 2000 字，所以就会产生对此的自信。

肯定可以完成这一计划，才叫自信，而不是自大、自卑或自我贬低。所以，练习自信，要从一件力所能及的小事开始。

选择一件力所能及的事情，要从一件真正可以完成的小事开始。

比如，目标是实现每天进行 10 分钟自我关怀，也就是独处。刚开始你可能根本不愿意跟自己相处，你会焦虑。但是所谓建立信任、安全感就是，无论如何我每天都会出现，每天都会陪你 10 分钟。陪伴的方法有很多，可以打坐 10 分钟，可以写 10 分钟的日记，等等。要做的事情就是找到并且固定这一时间，慢慢地就会对自己可以坚持一件事情产生信任感。如果能坚持一两个月的时间，信任感就会自然产生。

需要提醒的是，如果为了培养自信而选择要坚持一件事情时，一定要想清楚这件事情的完整过程。有的人刚开始急于建立自信，计划每天健身 1 小时，可是每天要健身 1 小时其实需要巨大的付出。健身之前，可能需要 2 小时做准备，健身完毕还需要 2 小时慢慢缓解肌肉的疲劳，也就是说，如果每天要健身 1 小时，实际上需要投入 5 小时，这会影响整体生活，这就不属于一件力所能及的事情。

第二点，一旦有了一定的自信、信任感和安全感，就要开始锻炼自尊。

自尊就是尊重自己的感受和想法，自尊也意味着一个人不会因为周围的环境、周围的人而随便否定自己。

建立自尊，需要在所有人际交往中对自己说："我尊重自己的感受和想法。"

很多时候，当一个人出现在面前，你可能会本能地很恐惧他，或者想讨好他，或者会有各种各样的反应。

在人际交往过程中，建立自尊的第一步，就是在做出本能反应之前，先停顿 20 秒。在这 20 秒里，首先告诉自己："我要尊重自己的感受和想法"，然后体会自己当下的感受和想法。思考自己想要什么，自己在害怕什么，以及对方到底能不能提供自己想要的东西，如果他做不到，自己还可以做些什么。

建立自尊的过程有一定难度，因为很多时候低自尊都是因为周围的人曾经的贬低。要能重新站起来，去面对这些曾经打压过自己的人，自然要面对很多恐惧和羞耻。

建立自尊的一个切入点就是思考自己的诉求。

开始建立自尊的时候，不要急于期待人际关系发生实质性的改变，要做的只是在做出反应之前，思考自己的诉求，以及当下的情绪和感受。

当你可以放慢节奏，给自己 20 秒思考、感受，然后再做出反应，其实你的人际关系，包括对自己的看法就已经发生改变了。

在日常人际交往过程中，一般最有话语权的那个人可能都是说话最慢的、最少的。这是一个有自尊、有力量的人在人际交往中的表现，他并不是在刻意忍住不说话，而是一直在观察周围的人，也在思考自己的立场，他尊重别人，也尊重自己。

要做到尊重别人，其实要从尊重自己开始。

如果一件事情自己可能并不太愿意做，至少可以做到先不答应这件事情，或者回复对方，我需要考虑考虑。

低自尊，一般有两种不同的引发形式。有的低自尊可能来自父母的指责，以及周围人的恶意，这很容易分辨。有的低自尊是由于变故，比如小学时突然因为家庭原因需要转学，或者生病导致成绩下滑后，感觉在学校没有自信，也不再受老师喜欢。这些虽然影响很大，但是可以改变。改变就从延缓自己的反应开始，利用延缓的时间里适度将自己和周围的环境隔离，并且留有时间思考自己的诉求和感受，愿意站出来保护自己。

改变自信、信任感、安全感和自尊在日常生活中的锻炼过程会非常缓慢。

就像建立自信，可能一件事情重复一两百遍后还会失败，但只要将之变成习惯，就能确信自己是可以完成这件事情的。建立自尊，需要反反复复对自己强调，我尊重自己的感受和想法，慢慢地才能真正看到自己的感受，并和周围有害的人保持距离。这样坚持一段时间，才有空间发展自己的自尊。

第三点，需要培养分析能力。

分析能力是需要刻意锻炼的。不过，培养分析能力比建立自尊、自信和信任感容易一点，可以试着用思维导图的方式每天分析生活中的一件事情。

比如今天可能要跟一个商业合作伙伴谈合作，这件事情让自己感到很焦虑。今天还要和孩子的班主任谈事情，回家后还要跟伴侣商量明年的全年计划，你就可以选择让你最焦虑的事情做思维导图。

制作思维导图需要清晰的分析事情的能力。

以选择和商业伙伴谈合作这件事情为例，思维导图需要分清楚，对方需要什么，我需要什么，我的原则是什么，我的立场是什么，对方的原则和立场是什么，他的诉求是什么，我的诉求是什么。然后去分析二者如何要达到一个平衡，达成共识，各自分别有哪些途径，各自应该如何处理。

心理健身房其实和生活中的健身房一样，也是需要花时间“健身”。所以，在开始心理健身计划之前，也要考虑，愿意每天或一周花多少时间做这件事情。

知道举哑铃可以锻炼肌肉并不能使你的手臂肌肉强健，你需要真实地练习，才有可能改变你的身体。书中的知识也要落实到每天的行动上，落实到所力所能及的事情上，才有可能让真正的自我转变发生。

7.4

强化工具：心理学家常用的三个自我调节工具

本节介绍心理学家最常用的三个自我调节工具，可以将之与各种调节方式结合使用，帮助大家克服练习的过程中遇到的一些困难。

这三个工具分别是呼吸调节、身体扫描、觉察日记。

呼吸调节其实是大部分心理学家以及大部分生活得很自在的人都会使用的工具。

在日常的生活中，呼吸是心理状态的一个非常直接的体现。心理状态、精神状态都会反映在呼吸上。而调节呼吸，可以直接影响心率，从而调节交感神经，进而影响个人的情绪和感受。

如果练过武术、书法、瑜伽、舞蹈，就会知道动作、运笔等，都需要呼吸的配合。呼吸是一个非常重要的调节工具，要重视自己的呼吸，尤其是在面对压力、恐惧或感到很虚弱的时候，更要刻意调节呼吸。

此处介绍三种练习呼吸的方法，可以在不同的情况下选择适当的方法加以练习。

方法一，观呼吸。

观呼吸是一种最正统的练习呼吸的方法。打坐或练习瑜伽往往会伴随观呼吸的练习。

观呼吸，就是将注意力都集中在呼吸上。在练习打坐的时候，心神总是很容易被分散，很容易坐着坐着就想起今天事情，担心明天的事情。这时要做的练习就是慢慢地、很温柔地把注意力重新拉回到呼吸上，感受呼吸时身体的感觉，肌肉的感觉，气流经过鼻孔、经过你的口腔、到达肺部时身体的感觉。

观呼吸还有一个附加练习，可以一边观呼吸，一边数呼吸的次数。很多人在观呼吸的过程中会走神，数次数可以让人意识到这一点。

而且同时因为我们随时随地都在呼吸，所以当我们遇到一些事情需要有一个抓手，需要有一个救生圈的时候，永远在你身边可以帮你稳定你的心神的，就是你的呼吸。所以你可以在任何时候，任何地方，开始练习。

方法二，448 呼吸法。

这个呼吸法分三步：

第一步是 4 个拍子的吸气；

第二步是 4 个拍子的屏住呼吸；

第三步是 8 个拍子的呼气。

也就是说可以这么数，吸气 1234，屏住呼吸 1234，呼气 12345678，整个过程就是吸气 4 秒，中间屏住呼吸 4 秒，再用 8 秒的时间把气吐出去。

这个是一个可以在急性焦虑发作的时候使用的呼吸法，按照这个呼吸法连续做 10~20 次，可以非常快地通过调节呼吸来调节心率，让极度焦虑的情绪可以迅速得到缓解。

如果你需要做一个报告，参加一场考试，或者你听到一些激动人心或者不好的消息而感到极度焦虑的时候，可以试着用这个 448 呼吸法去平复自己的情绪。

方法三，深蹲呼吸法。

该呼吸法适用于情绪很低落、很抑郁的时候。

试着一边深蹲，一边做深呼吸。你可以在蹲下去的时候呼气，站起来的时候吸气，也就是需要发力的时候呼气，不需要发力的时候吸气。大家也可以按照自己的喜好伴随着深蹲，或者跳跃，或者其他一些需要身体大幅度活动的类似动作，配合呼吸去做调节。这种呼吸法可以让人很快地从比较低落比较抑郁的状态里面走出来。

上述这些呼吸法，可以在平时走路时练习，甚至可以在通勤的路上、在地铁里、在公交车上进行练习，而并不一定要找到一个很舒适的地方，坐下来调整好心情才可以开始练习。这些其实是随时随地都可以使用的工具，甚至可以说，越是烦躁焦虑的时候，越是练习的好时机。

身体扫描就是把注意力依次放在自己身体的每个部位，觉察每个部位的感受。

做身体扫描时，最好可以坐在一个比较舒服的地方，刚开始时，可以躺在床上或者躺在沙发上练习，熟练了之后就可以随时随地进行了。

身体扫描可以让人真正地熟知自己的身体和感受，并使人逐渐把注意力从焦虑、抑郁等情绪带来的杂念中转移开，让思绪从过去或未来之中重新回到当下。

因为身体不可能跑到未来去，也不可能停留在过往，身体是永远活在当下的，是真实的，不是想象出来的。身体扫描可以让人的感知和自己的身体紧紧地联系在一起，增加人的自我真实感，从而使人尽量少地活在自己的想象、幻想中。

在做身体扫描的时候，可以从脚开始，感觉你的脚趾头、你的脚板、脚背、脚踝、小腿、膝盖、大腿、臀部、肚子、背部，到你的肩膀、手臂、手肘、手腕、手心、手背、你的每一根手指头，然后回到你的脖子上、头上，到你的脸部、你的眼睛、嘴巴、嘴唇、你的耳朵，等等，我们可以把身体的每个部分都扫描一遍。

一般来说，完成一次身体扫描大概需要四十五分钟到一小时，感觉得细腻一点可能会用一个半小时，即使感觉比较粗糙也至少需要三十分钟的时间。所以如果身体扫描过程不足三十分钟，你可能并没有真正在扫描你的身体，而是在想象之中把自己的身体感觉想象了一遍。

什么叫作具体感觉？比如，你现在可以试一下，你能不能感觉到你的脚踝。

有的人说他感觉脚踝很不舒服。这不是你脚踝的感觉，脚踝的感觉可能是有点发紧，可能是有点凉或者有点热等。

做身体扫描的时候，会感觉到自己身体的每一个部分。假如你正躺在沙发上，当你扫描到了臀部、腰部，你可以感觉一下，此时腰是悬空的还是被沙发承托着。如果它被沙发承托着，那它跟沙发接触的地方有什么感受呢？这就是身体扫描。

大家可以练习，每天做觉察日记，觉察日记最好用纸用笔来写，你可以安排在一天之中的任何一个时候写。如果你觉得自己有睡眠问题，可以安排在你睡觉之前去写。

这个听起来很简单，但是实际上当你每天写觉察日记时，就给了你一个每天反思的机会。这个反思的过程其实就是梳理当天的情绪，分析当天的事情，把当天的事情完结的过程。

觉察日记虽然简单，但对很多人的影响是非常大的，当然它也是需要长期练习、长期养成的习惯。

希望本节介绍的三个工具可以让大家在心理健身、调节自己、重新掌握生活的过程中更轻松、更高效。

7.5

人生升级：对自我的探索越深，对人生的掌控力越大

在本书的结尾，我希望这本书能够帮助读者至少在以下两个方面有所转变。

第一，我希望大家可以慢慢地体会到，你自己就是全世界，当你改变了你自己，你就改变了这个世界。

慢慢地，大家通过本书提供的这些心理学的工具，通过反复进行书中的练习，可以体会到一点，一个人如何理解一件事情，如何看待周围的人，如何讲述自己的故事，讲述自己的人生，都和自己的经历有关系。

这些过往的历史，把人捆绑在了一个固定的认知之中。如果一个人认为人跟人之间是有真实感情的，当他被欺骗、被伤害的时候，他会知道这可能只是个别情况，所以仍然会对人与人之间美好的感情有期待。而这份期待可以帮助他度过这些不顺利的时光。但是如果一个人坚信人跟人之间总会互相利用、伤害，互相占便宜，那么就算遇到一个真心对待他的人，他可能也总会疑心别人会不会算计他。

所以，一个人对世界的理解源于个人的经历，而他过往的经历会凝结为他内心的一些信念，而这些信念就决定了他看世界的目光。也就是说，如果一个人可以把自己内心的信念，把自己过往生活的经历都梳理清楚，自然就可以决定哪些信念应该保留，哪些信念需要丢弃。这些信念可能曾经帮助过你，曾经支撑过你，但是现在已经不再适合你了，那就对它道声感谢，勇敢放手吧。如果可以做到这些，你的人生将会变得更自由更广阔。

从此你看到的就是机会，各式各样色彩斑斓的人生经历，而不再是过往的宿命。

第二，我希望大家可以慢慢体会得到，人生永远都会有选择。

当你不再受控于过往的这些机械式的反应，不再受控于有仇必报的执念，不再受控于人跟人之间只有互相利用的偏见，不再受控于出身决定的成就或观念，放开这些限制性思维，你就能看到不一样的路。而这个时候你的人生才真正在你的手中，而不是被你过往的经历、被你的潜意识，被那些别人灌输给你的观念所决定、所控制。

只有从这些限制性思维里走出来，才会发现人生的路确实不止一条。在每一件事情上你都可以有自己选择，既可以选择自己用什么想法去理解一件事情，也可以选择自己的感受和情绪。

其实，愤怒、激动和兴奋在身体反应上都相差无几，比如都会引起心跳加速。但对于心跳加速，是理解为爱还是理解为恐惧，则取决于个人的反应。当你不再机械地反应，对于同样的一个不得不经历的场景，你就会以不同的态度、不同的情绪、不同的想法经历它。

只有拥有了这样的自由度，你的人生才是真正掌握在你自己的手中，而不是被别人所决定。

记得2010年我开始练习马拉松的时候，在一本教马拉松训练的书上看到这么一句话：Pain is inavitable,suffering is optional（疼痛是无法避免的，但是你可以选择不受折磨）。

跑步的过程会造成一些伤痛，这是不可避免的。但是这种肉体上的伤痛，你可以以其他态度接受和理解，心灵上免受它的折磨。

在日常的生活中也有很多人可以苦中作乐，就像电影《美丽人生》所展现的，即使是在集中营，也有人可以跟孩子玩游戏，帮助自己的孩子用一个更积极的态度度过在集中营里的时间。

当你明白了自己就是全世界，改变了自己，就改变了世界，当你可以理解自己、改变自己时，你的人生永远都会有选择。

当你可以做到这些的时候，才是真正学会了掌控自己的人生。

希望本书能帮助你从小处入手，用书中提及的工具梳理自己的生活。同时从大处对自己过往经历有一个清晰的认识和理解，在这个基础上规划自己今后更丰富、更灿烂的人生。

希望你可以手边有工具，心中有信念，在日后的人生之中不会感到孤立无援。你永远是自己最好的伙伴，你永远是自己最安全的靠山，你永远可以依靠和信赖自己，面对人生中的挑战和机遇，活出自己的人生意义。